+ Mehr verkaufen !!!
+ Mehr Umsatz !!!
= Wo ist das Problem ?

Mehr verkaufen mit dem „Columbo-Effekt" –
Besser verkaufen mit „SPIEGELN"

Dem Kunden nur beim Einkaufen behilflich sein,
das hat mit Verkaufen nichts zu tun.
Lernen von Verkäuferinnen und Verkäufern,
deren Leidenschaft „Verkaufen" ist…

10 bis mehr als 20 Prozent Umsatzsteigerung.

CW Niemeyer

Bibliografische Information der Deutschen Bibliothek
Die Deutsche Bibliothek verzeichnet diese Publikation in der Deutschen Nationalbibliografie; detaillierte bibliografische Daten sind im Internet über http://dnb.ddb.de abrufbar.

www.niemeyer-buch.de

Printed in Germany

ISBN 978-8271-9500-5

Vorwort

Wenn der Handel besser erkennen würde, welche Chancen er hat für erhebliche Umsatzsteigerungen– und wie er diese entschlossen wahrnehmen könnte!

Jammern gehört traditionell zum Handel. „Wie läuft es?“ – „Wir spüren die Krise!“ - „Es könnte besser sein!“ oder „Wir hatten schon bessere Zeiten.“ Und woran es nicht immer liegt, wenn die Umsätze beklagt werden: an der Finanzkrise, am Wetter, am schlimmen wirtschaftlichen Umfeld, an der hohen Arbeitslosigkeit, an einer Rezession, an Hartz IV, an der Konsumflaute und an was nicht noch! Alles und alle sind schuld, nur die Unfähigkeit der Verkaufs-Verantwortlichen in vielen Geschäften und im Handel insgesamt, mit Freude und Engagement zu VERKAUFEN, und nicht nur beim Einkaufen behilflich zu sein, wird nicht erwähnt, und sie ist die Hauptursache für mangelnde Umsätze! Lassen Sie sich wieder für das Eigentliche im Handel, lassen Sie sich für das Verkaufen begeistern! Und wenn ein Aufschwung bei Ihnen noch nicht angekommen sein sollte: Gehen Sie Ihrem Aufschwung einfach entgegen!

Inhaltsverzeichnis

Vorwort

Unvorstellbare Chancen? Vorstellbare Chancen!

Die bestehenden Chancen müssen einfach genutzt werden.

Der Handel hat riesige Chancen, seine Umsätze zu steigern. Das Hauptpotenzial liegt bei den Menschen, die im Handel tätig sind, den Verkäuferinnen und Verkäufern. Selbst die dicksten Marketing-Handbücher, die tollsten Marketing-Strategien helfen nichts, wenn sich die Menschen, die sich für eine verkäuferische Tätigkeit entschieden haben, nicht auf das Eigentliche, auf das Verkaufen konzentrieren. Das hängt übrigens auch damit zusammen, dass diese Menschen von den Unternehmen meist nur als *Kostenfaktoren* gewertet (und nicht selten auch so behandelt) werden, die es möglichst einzusparen gilt. **Der *Kostenfaktor Persona*l ist offensichtlich für den Handel eine größere Herausforderung als die Motivation und Wertschätzung der Mitarbeiterinnen und Mitarbeiter!**

Milliarden Euro werden investiert, damit die Kunden ins Haus kommen

Was geben die Kaufhäuser, aber auch Fachgeschäfte, für Riesensummen aus, um die werte Kundschaft in die Geschäfte zu holen. Millionen und Milliarden! Man bringt damit die hohe Wertschätzung den Kunden gegenüber zum Ausdruck. Und was wird investiert, um den Mitarbeiterinnen und Mitarbeitern die notwendige und gewünschte **Wertschätzung** zu zeigen, sie ihnen buchstäblich entgegenzubringen? In jedem Führungs-Workshop ist das ein Thema.

Und gleich noch etwas zur *Motivation der Belegschaft* auf der Fläche, den Damen und Herren Verkaufs*personal*:

Es soll Geschäftsführer in Kaufhäusern geben, die hinter Säulen und Ecken lauern und Mitarbeiter beobachten. So etwas nennt man Kontrolle. Der Mitarbeiter wird dabei *erwischt*, dass er einen Kunden offensichtlich nicht angesprochen hat, um ihn zu fragen, ob er behilflich sein könne. Das geht natürlich nicht. „Wie oft habe ich Ihnen das schon gesagt!“ Aber könnte es nicht sein, dass der Mitarbeiter gesehen hat, wie der Kunde bereits 3-mal von Kolleginnen oder Kollegen angesprochen worden ist? Und da wollte er ihn nicht schon wieder ansprechen. Es gibt Kunden, die sagen: „Kann man sich nicht mal umsehen, ohne dauernd angesprochen zu werden?“ Allerdings: Natürlich muss der Kunde angesprochen werden! Und klar, auch Kontrolle muss sein. Aber auf das Wie kommt es an!

Nicht ausgesprochene

ANERKENNUNG,

unausgesprochenes LOB,

fehlende menschliche

WERTSCHÄTZUNG

sind:

vorenthaltener Lohn!

Mitarbeiter bei Fehlern anstatt bei guten Leistungen „erwischen"!

Woher kommt dieses Verhalten, das darauf gerichtet ist, andere bei Fehlern und bei Fehlverhalten zu erwischen, zur Rede zu stellen, zu tadeln. Und das wird dann auch noch als *Führen* verstanden?

Es gibt dazu einen bemerkenswerten Beitrag von **Reinhard Kahl**, einem Journalisten mit Schwerpunkt Bildung, der in einem sehr hörenswerten Beitrag im Südwestfunk vom 22. Juli 2007 („Haben Sie sich heute schon geirrt? Von der Belehr- zu Lerngesellschaft) dazu u.a. ausführte:

„…Vielleicht erinnert sich manch einer an seine Kindheit, an gereizte Eltern beim Mittag- oder Abendessen, wenn Hausaufgaben und Klassenarbeiten vorgezeigt wurden: „Was hast Du denn da wieder für einen Fehler gemacht?" Den Vormittag schon hatte sich die pädagogische Inquisition an Mathe, Latein und Erdkunde erprobt. Nur nichts falsch machen! Das war hinter all dem Stoff die Botschaft der roten Tinte. Die Gegenreaktion der Schüler: Perfektion vortäuschen, intelligent gucken, statt angeblich dumme Fragen zu stellen.

„Hast Du heute schon einen Fehler gemacht?" Die gleiche Frage, nur ganz anders betont, empfehlen Unternehmensberater neuerdings als eine Art Mittagsmeditation. Angefangen hatte es mit diesem Spruch bei Rank Xerox in Kalifornien. Die Frage dient nun einer ganz anders temperierten Selbsterforschung. Habe ich schon etwas gewagt? Die neue Vermutung heißt: Wer noch keinen Fehler gemacht hat, der hat vielleicht noch gar nichts gemacht, hat sich zumindest nicht bewegt.

Fehler werden im mentalen Pass von Grenzgängern nicht mehr als Makel verzeichnet. Im Gegenteil. Wer dort ohne Eintragungen ist, hat schlechte Karten. Der Fehler gilt nicht mehr quasi als Sünde, die die Angst nach sich zieht, selbst irgendwie falsch, vielleicht sogar durch und durch falsch zu sein – und nun beim Fehler kommt es heraus.

Der Fehler gilt plötzlich als etwas ganz anderes: Er ist ein Hinweis auf einen Vorsprung im Lernprozess. *Denn am Fehlversuch geben sich die heute gefragten Grenzgänger zu erkennen.* ***Wer Neuland betritt, macht Fehler, unweigerlich. Das ist die Quintessenz lernender Organisationen: Der Fehler ist das Salz des Lernens…***

… Wie jemand mit Fehlern umgeht, gibt Auskunft darüber, wo er heute im Übergang von der Industriegesellschaft zu einer Wissens- oder, wie Bundespräsident Horst Köhler sagt, zu einer Ideengesellschaft steht. Immer noch in der Nähe der Fehlerinquisition oder im Bereich der Fehlertoleranz?

Fehlertoleranz! Da gibt es ganz erstaunliche Töne. Zum Beispiel: „Macht mehr Fehler und macht sie früher!" Solche Parolen füllen Management-Guru Tom Peters in den USA die allergrößten Hallen….

… Dass diese Aufforderung von Tom Peters heute aus den Unternehmen kommt, gewiss nicht aus jedem Betrieb, das hätten sich die meisten von uns damals in der Schule nicht träumen lassen – und wir haben viel geträumt im Unterricht. Aber es liegt ja auf der Hand. Wenn es darum geht, eine Atmosphäre für Kreativität zu schaffen, wenn die Hürden vor dem Wagnis, selber zu denken, genommen werden sollen, dann muss die Angst vor dem Fehler abgebaut werden. Oder genauer gesagt, die Angst vor der Angst, die Angststarre, die Selbstverleugnung….

… Eine deutsche Schülerin ging ein Jahr in Stockholm zur Schule. Nun schwärmte sie davon, dass dort die Lehrer gleich nach den Ferien ihre Handynummern an die Schüler verteilt hätten. Was

daran denn so aufregend sei, fragte eine Stimme mit englischem Akzent. „Na, die Lehrer waren jederzeit für uns da“, antwortet die Rückkehrerin, „sie waren irgendwie Freunde.“ Schweigen der Ausländer. Dann fragte ein junger Amerikaner zurück: „Warum sind die Lehrer eigentlich eure Feinde?“ Schweigen bei den Deutschen. Diese Frage hatten sie sich noch nie gestellt. Den Kleinkrieg in der Schule finden sie eigentlich ganz normal. Und jetzt bricht es aus ihnen heraus: „Ihr seid wie der Rotz an meinem Ärmel, hat unser Deutschlehrer gesagt“, erzürnt sich ein Abiturient von einem der vornehmsten Gymnasien der Stadt. Ähnliche Zitate sprudeln: „Ihr seid eben die blödesten Schüler auf der ganzen Welt, habe ich ja schon immer gesagt“, wird eine Mathelehrerin zitiert, die derart mit dem Verweis auf die PISA-Studien auftrumpfte.

Was ist eigentlich an Schulen los, aus denen so etwas berichtet wird? Was macht diese Misanthropie aus? Der Misanthrop war ja in der Antike jemand, der andere nicht für würdig fand, mit ihm zusammenzuleben. Seinem hohen Anspruch konnte niemand genügen. Wählen Misanthropen den Lehrerberuf, dann unterrichten sie Fächer und nicht Schüler. Ihr Fachwissen empfinden sie als die sprichwörtlichen Perlen, die sie gezwungen sind, vor die Säue zu werfen…“

Ersetzen Sie einfach den Begriff LEHRER durch den Begriff VORGESETZTE, und schon bemerken Sie die Parallelen zum Berufsleben. Stellen Sie sich den Satz vor: Die Vorgesetzten waren einfach für uns da, sie waren irgendwie Freunde. Und eine ganze Kultur ändert sich!

Wir brauchen Mutmacher! Lieber wagen als verzagen!

Viele Führungskräfte und Mitarbeiter wagen zu wenig – aus Angst vor Fehlern. „Es könnte schief gehen. Der Schuss könnte nach hinten losgehen…“ Wir brauchen Mutmacher!

Vorgesetzte sollten mal versuchen, Mitarbeiter bei guten Leistungen zu *erwischen*, und ihnen dann sofort und freundlich sagen, dass man gesehen hätte, wie engagiert der Verkäufer den Kunden gerade bedient hat. Ein Fachgeschäfts-Inhaber kürzlich: „Man muss ja so hinter den Mitarbeitern her sein!" Klar, alles Minderleister, jeder will nur mehr Geld, mehr Urlaub, keiner engagiert sich wirklich! Woher kommt nur diese Misstrauenskultur, nach der alles und alle in einem Unternehmen immer nur danach geprüft werden, ob nicht doch etwas zu kritisieren sei? „Vertrauen ist gut – Kontrolle ist besser", das bekannte, Lenin zugeschriebene Wort wird immer wieder als genau zutreffend zitiert. Diese Meinung muss man wirklich nicht teilen. Das Zitat sollte lauten: Vertrauen ist gut und Kontrolle ist gut! Aber mit dem *Kontrolle ist besser* wird immer wieder insinuiert, man müsse einfach immer und am besten immer mehr kontrollieren, alles unter Kontrolle haben, und der Gedanke, dass Vertrauen gut ist, geht dabei mehr und mehr unter.

Viele, nicht alle Chefinnen und Chefs von Einzelhandelsunternehmen glauben von sich, sie seien die Einzigen, die wirklich Verantwortung haben, die Vorbilder sind, an denen schließlich alles hängt. An wem denn sonst, es ist doch tatsächlich so! Was soll man da sagen? Mitarbeiter wollen nur Geld, Freizeit, Großzügigkeit, Nachsicht. Man muss sie permanent kontrollieren, hinter ihnen her sein, ja nicht zu viel loben, am besten gar nicht, sonst kommen sie gleich mit Forderungen. Vor Mitarbeitern muss man sich einfach in Acht nehmen. Das Interessante ist, dass die Chefs selbst nur selten besser oder mehr verkaufen als ihre Mitarbeiter. Werden Sie von den Chefinnen oder Chefs der Einzelhandelsgeschäfte bedient, sind Ihnen die auch nur beim Einkaufen behilflich. Alle müssen also wieder verkaufen lernen.

Sind Vorgesetzte die besten Trainer ihrer Mitarbeiter?

In mancher Führungsliteratur wird geschrieben, dass die besten

Trainer für die Mitarbeiter die Vorgesetzten seien. Und es werden Programme aufgelegt, wie die Vorgesetzten am besten die Mitarbeiter schulen und trainieren. Wie soll das funktionieren? Ein Vorgesetzter ist nicht automatisch als Trainer geeignet. Er muss mindestens selbst verkaufen können. Jetzt wird erwidert, der Vorgesetzte war ja früher meist im Verkauf, er muss es also können. Irrtum! Er hat auch nur gelernt, dem Kunden beim Einkaufen behilflich zu sein. Also achtet er bei seiner Beobachtung und Kontrolle der Mitarbeiter nur darauf, ob diese aufmerksam sind, ob sie freundlich und hilfsbereit sind, und nur ganz selten auch darauf, ob sie Zusatzangebote machen. Hier liegen aber die größten Chancen! Auch haben Vorgesetzte wie Geschäftsführer und Abteilungsleiter so viele andere Aufgaben, dass sie zum Training mit den Mitarbeitern gar nicht intensiv genug kommen. Denn es wird ja auch viel Fachwissen bzw. Warenkunde vermittelt. FÜHREN von Menschen ist erlernbar!

Mitarbeiterführung ist das A und O

Wertschätzung für die Mitarbeiterinnen und Mitarbeiter

Ein Berater war in einem großen Kaufhaus zu einem Termin verabredet. Er war früh dran. Die Schaufenster waren schon erleuchtet, und an den Fenstern selbst war ein wunderschönes Klebeband, tolle Farben, mit dem fortlaufenden Text: Herzlich willkommen! • Herzlich willkommen! • Herzlich willkommen! Und so fort. Die große Eingangstür war noch verschlossen, es war vor 10.00 Uhr, alles jedoch schon hell erleuchtet. Also geht er zum Nebeneingang herein. Dort stand nicht Herzlich willkommen! Dort stand **Personaleingang**. Damit das Personal und jeder Außenstehende wissen: Hier darf nur Personal rein. Links gleich ein Glaskasten, in dem ein Mitarbeiter saß. Ein großes Pappschild, schwarz auf weiß: Kein Eintritt! Ein weiteres Pappschild: Das Abstellen von Paketen, Taschen etc. verboten! Und ein drittes Pappschild: Besucher unaufgefordert anmelden!

Und es gibt viele ähnliche Beispiele im Land. Personaleingang: Das Wort Personal ist in Deutsch sächlich. Personal ist also eine Sache. Mit Sachen kann man machen, was man will. Mitarbeiter dagegen sind Menschen. Mit denen sollte man nicht machen können, was man will. Überall hört und liest man: Personalabteilung, Personalplanung, Personalwechsel, Personalumschichtung, Personalabbau. Wie verräterisch doch unsere Sprache ist! Was ist schon Personal? Verfügungsmasse. **Der Mensch ist Mittel. Punkt.** Im Eingangsbereich dann weiter alles weiß gefliest, Kacheln. Hat man auch in Schlachthäusern! Als Aushänge viele Schreiben, von der Geschäftsleitung, vom Betriebsrat, von der Krankenkasse, von der Gewerkschaft (immer: kämpferisch!). Lesen Sie einmal diese wundervoll formulierten Aushänge.

Eigentlich sollte jeden Morgen die Geschäftsleitung des Kaufhauses mit einem Riesen-Blumenstrauß im Eingang stehen, man nenne ihn doch bitte mindestens *Eingang nur für Mitarbeiter*. Gern Fliesen, aber da gibt es Schöneres, Ansprechenderes! Warum nicht mindestens auch hier ein Herzlich willkommen!, vielleicht noch dazu: „Wir wünschen Ihnen einen erfolgreichen Tag!" Und die Geschäftsleitung gäbe jeder Mitarbeiterin, jedem Mitarbeiter eine Blume mit den Worten: „Willkommen, heute machen wir Rekord-Umsatz!" O.K., das ist übertrieben. Aber was wäre das für eine Kultur! Ein schönes Trockenblumen-Gesteck – im Eingangsbereich für Mitarbeiterinnen und Mitarbeiter - wäre für den Anfang schon was...

Immerhin, man hat es erkannt, die Mitarbeiter-Eingänge sind teilweise sehr ansprechend verändert und gestaltet. In dieser Filialkette jetzt sogar fast in allen. In einer der Kaufhausfilialen machte der Berater wenig später einen Besuch. Die beiden Geschäftsführer empfingen ihn mit den Worten: „Bevor wir durch das Haus gehen, kommen Sie mal mit." Was haben sie dem Berater gezeigt? Den Mitarbeiter-Eingang. Sogar hübsch dekoriert, Podest mit Trockenblumenstrauß, echt schön. Und ein Schild: Liebe Mitarbeiterinnen, liebe Mitarbeiter! Die Geschäftsleitung wünscht Ihnen heute einen erfreulichen und erfolgreichen Tag! Na, ist das nichts??? So viel zum Thema Personaleingang.

Wer ist in seinem Beruf wirklich glücklich?

In einem Seminar wurde einmal die Frage gestellt: Wer von Ihnen kann sagen, dass er in seinem Beruf wirklich glücklich ist? Das löste erst einmal Nachdenken aus. Und dann kam häufig die Rückfrage: Wie meinen Sie *glücklich*? Ja, muss das erläutert werden? Glücklich eben. Und dann die Antworten: Also ich bin nicht unglücklich. Mir gefällt mein Beruf schon! Ich bin nicht unzufrieden. Und so weiter. Aber glücklich? Und genau das war die Frage. Man muss natürlich volles Verständnis haben, wenn jemand sagt, dass er nicht glücklich in seinem Beruf sei. Aber doch zufrieden. Sogar auch unzufrieden, klar! Das Leben besteht aus Kompromissen, nicht jeder kann seinen Traumberuf haben.

Die aber das Glück haben, sagen zu können, „ich bin glücklich in meinem Beruf", sollten sich bewusst sein, dass dies ein wahres Geschenk ist. Und diese Glücklichen haben meist auch Leidenschaft für das, was sie im Beruf tun.

Unsere *Vorstellung* von Mitarbeitern ist das eine – wie sie wirklich sind, ist das andere…

In Führungsseminaren können Sie häufig folgende Übung (McGregor) finden: Sie sollen ankreuzen, inwieweit die dort aufgestellten Behauptungen den Erfahrungen mit den eigenen Mitarbeitern, oder überhaupt mit Mitarbeitern allgemein, entsprechen:

Prüfen Sie bitte die 10 Behauptungen über den „Durchschnittsmenschen“, inwieweit diese auch auf Ihre Mitarbeiter zutreffen oder auf Mitarbeiter allgemein.

		stimmt – stimmt nicht
1.	Der Durchschnittsmensch ist heute durch Umwelt- und viele andere Einflüsse von seiner Arbeit abgelenkt und stark an seiner Freizeit interessiert.	1 2 3 4 5 6 7 8 9 10
2.	Der Durchschnittsmensch ist bequem geworden. Er sucht meist den Weg des geringsten Widerstandes und weicht anstrengenden Arbeiten aus.	1 2 3 4 5 6 7 8 9 10
3.	Mit Anerkennung und Kritik ist der Durchschnittsmensch nicht zu führen. Er muss auch Konsequenzen wie Strafen bzw. Sanktionen fürchten.	1 2 3 4 5 6 7 8 9 10
4.	Der Durchschnittsmensch muss durch straffe Lenkung, klare Anweisungen und genaue Kontrolle zur Arbeit angeleitet bzw. geführt werden.	1 2 3 4 5 6 7 8 9 10
5.	Dem Durchschnittsmenschen mangelt es an Phantasie, Vorstellungskraft und Urteilsvermögen. Er eignet sich daher nur bedingt für kreative Tätigkeiten.	1 2 3 4 5 6 7 8 9 10
6.	Der Durchschnittsmensch hat vor Fehlern Angst. Er vermeidet daher riskante Situationen und scheut größere Verantwortung.	1 2 3 4 5 6 7 8 9 10
7.	Der Durchschnittsmensch braucht ‚Anlehnung‘. Er sucht daher Schutz und Hilfe bei Vorgesetzten oder der „Obrigkeit“.	1 2 3 4 5 6 7 8 9 10

8. Der Durchschnittsmensch möchte im Grunde nicht auffallen. Er verhält sich daher möglichst wie alle anderen und passt sich eher stärker an. 1 2 3 4 5 6 7 8 9 10

9. Der Durchschnittsmensch leidet nicht unter Gleichtönigkeit. Er hat eher Angst vor Veränderung und zieht es vor, alles beim Alten zu belassen. 1 2 3 4 5 6 7 8 9 10

10. Der Durchschnittsmensch ist stark auf seine Vorteile bedacht. Er steht seiner Umwelt eher misstrauisch gegenüber. 1 2 3 4 5 6 7 8 9 10

Gleich im Anschluss daran erhalten die Teilnehmer ein weiteres Blatt, auf dem sie ankreuzen sollen, inwieweit diese Behauptungen – es handelt sich um die gleichen – auf sie persönlich zutreffen:

Prüfen Sie bitte nochmals die 10 Behauptungen, diesmal, inwieweit diese auf Sie selbst zutreffen.

stimmt ... stimmt nicht

1. **Ich** bin heute durch Umwelt- und viele andere Einflüsse von meiner Arbeit abgelenkt und stark an meiner Freizeit interessiert. 1 2 3 4 5 6 7 8 9 10

2. **Ich** bin bequem geworden. Ich suche meist den Weg des geringsten Widerstandes und weiche anstrengenden Arbeiten aus. 1 2 3 4 5 6 7 8 9 10

3. **Mit** Anerkennung und Kritik bin ich nicht zu führen. Ich muss auch Konsequenzen wie Strafen bzw. Sanktionen fürchten. 1 2 3 4 5 6 7 8 9 10

4.	**Ich** muss durch straffe Lenkung, klare Anweisungen und genaue Kontrolle zur Arbeit angeleitet bzw. geführt werden.	1 2 3 4 5 6 7 8 9 10
5.	**Mir** mangelt es an Phantasie, Vorstellungskraft und Urteilsvermögen. Ich eigne mich daher nur bedingt für kreative Tätigkeiten.	1 2 3 4 5 6 7 8 9 10
6.	**Ich** habe vor Fehlern Angst. Ich vermeide daher riskante Situationen und scheue größere Verantwortung.	1 2 3 4 5 6 7 8 9 10
7.	**Ich** brauche Anlehnung. Ich suche daher Schutz und Hilfe bei Vorgesetzten oder der „Obrigkeit".	1 2 3 4 5 6 7 8 9 10
8.	**Ich** möchte im Grunde nicht auffallen. Ich verhalte mich daher möglichst wie alle anderen und passe mich eher stärker an.	1 2 3 4 5 6 7 8 9 10
9.	**Ich** leide nicht unter Gleichtönigkeit. Ich habe eher Angst vor Veränderung und ziehe es vor, alles beim Alten zu belassen.	1 2 3 4 5 6 7 8 9 10
10.	**Ich** bin stark auf meine Vorteile bedacht. Ich stehe meiner Umwelt eher misstrauisch gegenüber.	1 2 3 4 5 6 7 8 9 10

Summe der angekreuzten Ziffern: 1. Blatt:______ 2. Blatt:_______Differenz:_______

Und dann kommt die Auswertung. Bei über 250 dieser durchgeführten Übungen war die durchschnittliche Differenz zwischen dem ersten und dem zweiten Durchgang ca. 21 Punkte.

Die Behauptungen treffen also nach diesen Befragungen (von Führungskräften aller Ebenen!), auf Mitarbeiter wesentlich eher zu als auf die Führungskräfte. Den Mitarbeitern wird also einfach unterstellt, nehmen Sie nur den Punkt 4, dass sie „durch straffe

Lenkung, klare Anweisungen und genaue Kontrolle zur Arbeit angeleitet bzw. geführt werden" müssen, und dies träfe auf die beurteilende Führungskraft natürlich nicht zu, jedenfalls bei weitem nicht in diesem Maße!

Abstruse Begründungen in den Diskussionen:

- das stimmt tatsächlich!
- kommen Sie mal in unser Unternehmen!
- das entspricht einfach unseren Erfahrungen!
- Mitarbeiter sind so!
- bei uns selbst ist es etwas anderes!
- wir sind ja nicht umsonst Führungskräfte, sonst wären die es ja!
- wir könnten uns bestimmte Verhaltensweisen gar nicht leisten!

Wir behandeln die Menschen nach dem Bild, das wir uns von ihnen machen

In der Übung, die sehr viel mit Vorurteilen zu tun hat, werden Mitarbeiter verallgemeinernd beurteilt. Es kommt auch darin ein bestimmtes **Mitarbeiterbild** zum Ausdruck. Tatsache ist, dass man andere Menschen gar nicht behandeln kann, wie sie wirklich sind, dies wissen wir nämlich nie ganz genau, sondern man behandelt sie nach dem Bild, das man sich von ihnen macht. Darüber lohnt es sich, nachzudenken. Selbst nach 50 Jahren Ehe, zur Goldenen Hochzeit, können Sie beide Ehepartner fragen: „Behandeln Sie sich gegenseitig so, wie Sie wirklich sind, oder behandeln Sie sich gemäß den Bildern und Vorstellungen, die Sie voneinander haben?" Viele antworten sicher ganz schnell: „Natürlich danach, wie wir sind! Nach 50 Jahren kennt man sich doch!" Stimmt das? Wenn Sie einen Menschen lieben, haben Sie eine andere Vorstellung von ihm, als wenn Sie ihn hassen würden. Wenn Sie von einem Menschen die Vorstellung haben, dass er ein Betrüger sei, werden Sie ihn entsprechend behandeln.

Genauso behandeln wir Mitarbeiter nach den Bildern, die wir uns von ihnen machen

Wenn Sie von einem Mitarbeiter die Vorstellung haben, dass er faul und unmotiviert sei, werden Sie ihn entsprechend dieser Vorstellung behandeln. Und wenn Sie von einem Mitarbeiter die Vorstellung haben, dass er hoch motiviert, talentiert und fleißig sei – beachten Sie, dass hier bewusst immer der Konjunktiv genommen wurde – dann werden Sie ihn entsprechend behandeln. Von Goethe stammt der Satz: „Wer die Menschen behandelt wie sie sind, macht sie schlechter, wer sie aber behandelt, wie sie sein könnten, der macht sie besser." Ganz einfach: Wenn Sie jemanden gut leiden können, vertrauen Sie ihm eher, als wenn Sie ihn nicht leiden können. Und wie entstehen diese Bilder in uns? Durch eigene gemachte Erfahrungen und durch fremde Erfahrungen, die uns mitgeteilt werden. Wie leicht sind wir alle beeinflussbar! Das gilt auch, wenn Sie von Dritten entsprechend gebrieft werden. Es erzählt uns jemand über einen Mitarbeiter, dass der ein „Schlitzohr" sei, und schon sind wir auf der Hut.

Der Unternehmer, der Chef als TANKSTELLE für die Mitarbeiter

Ein Unternehmer aus Göttingen wurde einmal gefragt, warum seine Mitarbeiter so positiv über ihn sprächen. „Tun sie das tatsächlich?" Und im Verlauf der Unterhaltung sagte er etwas ihn bzw. sein Führungsverhalten Kennzeichnendes: „Wissen Sie, meine Außendienstmitarbeiter haben einen ziemlich harten Job. Sie glauben nicht, was die sich manchmal draußen beim Kunden anhören müssen! Und jetzt kommen sie abends rein, da ist es doch einfach meine Pflicht, für sie *Tankstelle* zu sein, die sind doch abends ausgebrannt und kaputt. Und die wollen was los werden! Und da ist es meine verdammte Pflicht, ein Chef zu sein, der zuhört, der mitunter auch tröstet, und der die Leute fit macht für den nächsten schweren Tag!"!

Solche Führungsmenschen gibt es! Die haben eine Führungsphilosophie, die hoffentlich auch in der Literatur zu finden ist, damit viele es lernen.

Weiter vertrauen oder plötzlich kontrollieren?

Ein anderer Unternehmer, Wohnungsbau, dem ein kleiner, in einer Kleinstadt befindlicher Straßenzug gehörte, (neue Bundesländer), beschäftigte dort 5 fest angestellte Handwerker regelmäßig mit Reparatur- und Renovierungsarbeiten. Er selbst fuhr einmal in der Woche hin, um nach dem Rechten zu sehen und Arbeiten einzuteilen bzw. festzulegen. Ein Freund sagte ihm: Wie willst Du eigentlich wissen, ob die auch regelmäßig arbeiten und tatsächlich ihren Job machen? Wenn die sich einig sind, kann immer mal jemand zu Hause bleiben, Du bist ja nur 1-mal in der Woche da. Hast du keine Angst, dass die dich besch…?

Dieser erfahrene Wohnungsunternehmer überlegte, was er nun tun sollte. Er konnte aufgrund seiner Erfahrung einschätzen, ob die Arbeiten gemacht wurden, ob es zeitlich hinhaute, ob die Qualität stimmt, etc. Und er wusste: Kein Grund zur Klage, alles lief bisher bestens, die Stimmung ist o.k. Dann fragte er sich, was wohl passieren würde, wenn er jetzt plötzlich anfinge, die zu kontrollieren und ihnen Misstrauen zu zeigen? – Er fuhr weiter nur 1-mal in der Woche hin, die Mitarbeiter wussten sogar den Tag genau. Die Stimmung blieb gut, die Arbeitsergebnisse auch. *Vertrauen ist gut und Kontrolle ist gut. Prinzipielles Misstrauen ist schlecht, prinzipielle Verdächtigungen sind schlecht!*

Auslieferungsfahrer fördern und trainieren?

Ein Handelsunternehmen beschäftigte etwa 25 Telefonverkäufer und über 200 Auslieferungsfahrer. Den Unternehmer fragte ein Unternehmensberater einmal, was er davon hielte, diese Auslieferungsfahrer zu trainieren. Das sei eigentlich nicht notwendig, die Auslieferungsfahrer lieferten die Ware von A nach B, das würde im Großen und Ganzen gut funktionieren. Trainiert würden die Verkäufer und die Führungskräfte: Die Verkäufer sollten verkaufen, die Führungskräfte einen guten Job machen.

Welches Bild hat der Unternehmer von seinen Telefonverkäufern, und welches von seinen Führungskräften? Nur die Verkäufer und Führungskräfte sind förderungswürdig, die Auslieferungsfahrer liefern die Ware von A nach B, das funktioniert. Da brauchen wir nichts zu investieren...

Letzten Endes ließ er sich dann doch überzeugen, auch ein Training für die Auslieferungsfahrer durchzuführen; denn diese hatten mit den Empfängern der Waren zu sprechen, zu verhandeln, zu kommunizieren. Und auch da gibt es viel zu trainieren, um die Kunden zu halten und zu binden. Dann fragte er den Unternehmer, ob er mit dem einen oder anderen zur Vorbereitung des Trainings einmal mitfahren dürfe, weil er die Arbeit gern genauer kennenlernen wollte. Warum das nötig sei, wollte er wissen. „Nun ja“, sagte der Berater ihm, „wenn ich vor den Auslieferungsfahrern stehe, dann sagen die, der hat doch gar keine Ahnung. Was will der uns erzählen? Und deshalb würde ich ganz gern mitfahren, um die Arbeit im Einzelnen kennenzulernen.“ „Okay“, sagte der Unternehmer, „ich suche Ihnen mal zwei heraus, Sie brauchen ja nicht zu sagen, weshalb Sie mitfahren. Sagen Sie einfach, Sie wären ein neuer Kollege, und ziehen Sie sich am besten entsprechende Klamotten an.“

Vorurteile und Misstrauen finden wir immer wieder, das ist Realität!

Bei dem Berater ging eine Antenne heraus: Wozu hat der Mann ihn eigentlich aufgefordert? Im Prinzip hat er ihn aufgefordert, diese Mitarbeiter, mit denen er gemeinsam auf Tour gehen wollte, im Unklaren über seine eigentliche Rolle zu lassen. Und dann sagte der Unternehmer noch: „Und wenn Sie da mitfahren, achten Sie doch einmal darauf, was sie für Zeiten aufschreiben. Da schummeln sie alle!"

Welches Bild hat dieser Unternehmer von seinen Auslieferungsfahrern? Offensichtlich - alle Betrüger! Vielleicht hat wirklich der eine oder andere mal bei den aufgeschriebenen Zeiten geschummelt, und dies überträgt er jetzt auf die gesamte Auslieferungs-Mannschaft.

Die Fluktuation in diesem Unternehmensbereich (Auslieferung) lag bei über 45%; jede Woche waren Kleinanzeigen in der Zeitung zu lesen: „Auslieferungsfahrer gesucht". Was in diesem Unternehmen alles geändert wurde, ist unglaublich. Es gipfelte darin, dass der Unternehmer zweimal im Jahr die gesamte Auslieferungs-Mannschaft mit Ehefrauen eingeladen hat zu einer großen Fete. Ihm war klar geworden, dass er diese Mitarbeitergruppe in seinem Unternehmen in seiner eigenen Vorstellung praktisch völlig unterbewertet hatte. Die Fluktuation ging zurück auf nahezu null, und seine Auslieferungsfahrer gingen für ihren Chef fortan durchs Feuer.

Was wissen Führungskräfte eigentlich über ihre Mitarbeiter(innen)?

Im Zusammenhang mit der obigen Vorurteile-Übung bat der Berater einen Vorgesetzten, der ganz hartnäckig der Meinung war, seine Vorurteile über die Mitarbeiter wären berechtigt und entsprächen seiner Erfahrung, ihm einmal den Namen eines beliebigen Mitarbeiters zu nennen. Das tat er. Er fragte ihn dann, wie lange er diesen Mitarbeiter bereits kennen würde. „Schon lange", war die Antwort. Der Berater fragte ihn dann, wie lange dieser Mitarbeiter schon im Unternehmen sei. Die Antwort lautete: „Zehn bis zwölf Jahre, der gehört bei uns zu den alten Hasen."

– „Genau wissen Sie es nicht?“ – „Nein, aber ich könnte in der Akte nachschauen, wenn Sie es genau wissen möchten.“ „Ist er verheiratet?“ – „Ich meine, ja.“ „Ist er glücklich verheiratet?“ „Was wollen Sie denn noch alles von ihm wissen?“

Und dann haben beide festgestellt, dass er über einen Mitarbeiter, der schon lange Jahre im Unternehmen tätig war, doch auffallend wenig wusste. Es gibt sogar den Fall, wo ein Vorgesetzter, der von einem Mitarbeiter, der schon über acht Jahre in seiner Abteilung tätig war, nicht wusste, dass er zu Hause ein behindertes Kind hatte. Offensichtlich war dieser Mitarbeiter auch nur ein Kostenfaktor, und der Mensch dahinter interessierte den Vorgesetzten relativ wenig. Es ist jedem Vorgesetzten nur zu raten, sehr viel Energie aufzuwenden, um den Menschen kennenzulernen, der hinter dem Mitarbeiter steckt, auf diesen Menschen einzugehen, ihm Vertrauen zu schenken – selbstverständlich ihn auch zu kontrollieren -, ihm Wertschätzung und Aufmerksamkeit entgegenzubringen.

Mehr Umsatz geht nur mit den Mitarbeitern! Niemals gegen die Mitarbeiter!

Wenn Sie mehr Umsatz erzielen wollen, dann geht das nur *mit* den Menschen, niemals gegen diese. Und jeder sollte immer wieder die Bilder prüfen, die er über andere Menschen in sich trägt. Ihre größte Reserve für mehr Umsatz sind die verkäuferischen Fähigkeiten Ihrer Verkaufsmitarbeiterinnen und –mitarbeiter!

Leidenschaft, Persönlichkeit und Charakter – die Krönung des Verkaufsgeschehens:

Persönlichkeit? Was ist eine Persönlichkeit im Verkauf?

Wie definieren Sie für sich den Begriff *Persönlichkeit*?
Es bietet sich folgender Weg an:
Erste Frage: „Wie viele Personen kennen Sie?"
Häufigste Antworten:
„Kann ich nicht sagen", „Was meinen Sie mit: Wie viele Personen kenne ich?", „Ich weiß nicht", „Komische Frage!"
Auf die ganz einfache Frage „ wie viele Personen kennen Sie?" bekommt man keine klare Antwort!
Geht wohl auch nicht bei einer solchen Frage.
O.K, zweite Frage: „Wie viele Persönlichkeiten kennen Sie?"
Häufigste Antworten:
„Na ja, jedenfalls weniger als Personen."
Das heißt, die meisten machen einen qualitativen Unterschied zwischen den Begriffen *Person* und *Persönlichkeit*, obwohl natürlich jede Person auch eine Persönlichkeit ist.
Dritte Frage: „Wie viele Menschen kennen Sie, von denen Sie sagen und es auch *wissen*: Das ist ein wirklicher *Charakter*?
Häufigste Antwort: „Noch weniger als Persönlichkeiten", obwohl jeder Mensch auch einen Charakter hat, ein Charakter ist, im Positiven oder im Negativen, denken wir auch an den *verbrecherischen* oder *schwachen* Charakter als Beispiel.
Spannend wird es, wenn Sie die Begriffe verbinden, zum Beispiel mit *Sportler*.

„Wie viele Sportler kennen Sie?"
Häufigste Antwort: „Viele."
„Wie viele Sportler-Persönlichkeiten kennen Sie?"
Und jetzt passiert etwas Merkwürdiges. Sie denken sofort an real existierende Sportler, an konkrete Namen!
Denken Sie an Fußball, auch wenn der Sie nicht so interessieren sollte: „Wie viele Fußballer kennen Sie?"
Da ist die Antwort häufig: „Viele". Dann die nächste Frage:
„Wie viele Fußballer-Persönlichkeiten kennen Sie?"
Merken Sie, dass Sie sofort an konkrete, real existierende Fußballer-Persönlichkeiten denken?
Es gibt übrigens einen Fußballer, der hat wirklich einen vorbildlichen Charakter! Und Sie möchten jetzt bestimmt wissen:
Wen meinen Sie?
Und wenn ein bestimmter Name käme, würden Sie sofort rufen:
„Der? Niemals! Denken Sie mal an seinen Lebenswandel, an sein Privatleben…"
O.K., *der* ist es auch nicht. Gemeint ist ein Bochumer Spieler, der in einer Spielsituation stürzte. Der Schiedsrichter gab dem Spieler, der gerade in seiner unmittelbaren Nähe war, die Gelbe Karte, weil er dachte, der habe den umgefallenen Spieler gefoult. Der am Boden liegende Spieler stand auf, lief zum Schiedsrichter und sagte, dass er von selbst gestolpert sei, und die Gelbe Karte daher nicht gerechtfertigt sei. Und jetzt kommt es: Der Schiedsrichter nahm die Gelbe Karte tatsächlich sofort zurück, er korrigierte seine Entscheidung! Aber das Beste kommt noch: Die Zuschauer

applaudierten, denn die hatten sehr wohl gesehen, dass da nichts von einem Foul war.

Der Spieler mag vielleicht Ärger mit seinem Trainer bekommen haben: „Wie konntest du nur? Gelbe Karte für den Gegner, ist doch gut für uns!" Der Spieler hatte eben Charakter und ein Gerechtigkeitsempfinden, der möglicherweise insistierende Trainer dagegen hätte die Fehlentscheidung gern genutzt gesehen.

Jetzt denken Sie einmal an all Ihre bisherigen Vorgesetzten, die Sie im Leben je hatten. Wie viele davon waren Vorgesetzten-Persönlichkeiten, wie viele waren Vorgesetzten-*Charaktere*, und wie viele Vorgesetzte hatten Sie, wo Sie heute noch sagen: „Stell' dir vor, und das war mal mein Chef..!"

Interessant sind auch keine Verkäufer, interessant sind Verkäufer-Persönlichkeiten! **Arbeiten Sie mit einem Anforderungsprofil! Erstellen Sie ein solches für jeden Mitarbeiter!** (Vorschlag am Ende des Buches, was eine Verkäufer-Persönlichkeit eigentlich ausmacht). Bestimmt nicht jemand, der nur anderen beim Einkaufen behilflich ist, oder? Das ist zweifellos ein netter Mensch, als solcher mag er auch eine Persönlichkeit sein, aber er unterschätzt möglicherweise seinen persönlichen Einfluss darauf, ob ein Kunde mehr oder weniger kauft, bei ihm als einer Verkäufer-Persönlichkeit nämlich...

...unter der Lupe betrachtet:

Dem Kunden nur beim Einkaufen behilflich sein –

das hat mit VERKAUFEN noch nichts zu tun!

Ist Ihnen bewusst, wie sehr das Unternehmen Sie als Verkäufer(in) braucht? Sie ganz persönlich?

Weg mit den Nur-Helfern! her mit den Verkäufern!

In Braunschweig ist ein Mann mit seiner Frau unterwegs gewesen, sie hat sich Schuhe gekauft, die sie im Schaufenster gesehen hat. Es ist gut gegangen. Man war der Dame behilflich, und sie bekam, was sie wollte. Freundlich und hilfsbereit war man auch. Kein Grund zur Klage. Wenn der Vorgesetzte jetzt die Verkäuferin fragen würde: Was haben Sie denn der Dame gerade *verkauft*?, antworten viele: „Nun ja, ein Paar Schuhe!" Falsch. Die Verkäuferin müsste wahrheitsgemäß antworten: Leider nichts. Ich bin ihr nur behilflich gewesen beim Einkaufen von einem Paar Schuhe!

Tausende Verkäuferinnen und Verkäufer fragen täglich Millionen Kunden: Kann ich Ihnen behilflich sein? – Kann ich Ihnen helfen? – Wie kann ich Ihnen helfen? – Darf ich Ihnen helfen? Ist es ein Wunder, dass alle nur *helfen* wollen? Vor lauter Helfen wollen will niemand mehr verkaufen, oder besser, denkt niemand mehr ans Verkaufen. Behilflich sein beim Einkaufen, das ist die große Devise seit vielen Jahren. Wann begreift der Handel endlich, oder wenn er es begriffen hat, wann endlich setzt er es um: Dass er verkaufen muss! Muss! Helfen Sie meinetwegen gerne! Das ist schon in Ordnung. Seien Sie immer hilfsbereit! Auch das ist in Ordnung. Aber fangen Sie endlich wieder an, das eigentliche Verkaufen zu praktizieren. Den Verkaufs-Instinkt gilt es wieder zu beleben! Auch werden Kunden sehr oft gefragt: Sie kommen zurecht? „Ja danke!" ist die häufigste Antwort. Wenn jede Verkäuferin, jeder Verkäufer jetzt noch hinzufügen würde: Übrigens haben wir gestern wunderschöne Gürtel bekommen, Hemden, Schuhe, ganz gleich was, und: Vielleicht möchten Sie sich die auch anschauen, dann wäre dies schon ein gewaltiger Fortschritt.

Der Auswahl der Verkaufsmitarbeiter mehr Aufmerksamkeit schenken!

Stellenanzeigen klar und deutlich formulieren

In den Stellen-Angeboten für Verkäuferinnen und Verkäufer sollte bereits stehen: Wenn Sie beim Lesen dieser Stellenanzeige denken, wir suchten nur freundliche Mitarbeiter mit Branchen- bzw. Fachkenntnissen, die in unserem Geschäft den Kunden beim Einkaufen behilflich sind, liegen Sie völlig falsch. Bewerben Sie sich dann bitte nicht. Bei uns sollen Kunden neben dem, was sie suchen, vor allen Dingen finden, was sie nicht gerade suchen, und das kann nur eine aktive Verkäuferin, eine proaktive Verkäuferin, bzw. ein proaktiver Verkäufer bewerkstelligen. Dem Kunden nur helfen, das zu finden, was er sucht, das ist keine Herausforderung. Das kann jeder. Da würden Freundlichkeit und Ortskenntnis ausreichend sein. Wir suchen wirkliche Verkäufer-Persönlichkeiten (siehe Anzeige im Anhang).

Verkaufsinstinkt und Kreativität Erschreckendes Beispiel mit negativem Ende

Hier die Karikatur eines absolut inaktiven Verkaufsmitarbeiters mit vollkommen fehlendem Verkaufsinstinkt und fehlender Kreativität! Sie denken, so etwas gibt es doch gar nicht? Von wegen!

Tatort: Porzellan-Fachgeschäft. Die Kunden suchten ein neues Ess- und Kaffeeservice für ihr Konferenzzentrum, also eine größere Anschaffung, alles 36-fach. Als sie das dem Verkäufer sagten, drehte er sich um, langte im Regal nach mehreren edel wirkenden Prospekten und reichte sie den Kunden höflich mit den Worten, sie mögen sich doch zunächst einmal in Ruhe zu Hause damit beschäftigen, und wenn sie etwas gefunden hätten, mögen sie wiederkommen, dann würde man weiter sehen.

Die Kunden waren so platt, dass sie klaglos mit den Prospekten aus dem Laden marschierten und sofort ein anderes Fachgeschäft suchten! Dort verkaufte man ihnen tatsächlich ein komplettes Ess- und Kaffeeservice, und zwar innerhalb einer Stunde!

O.K., diese Form AKTIVEN NICHTVERKAUFENS wie es in dem ersten Laden erlebt wurde, ist vermutlich selten, aber wirklich unfassbar! Mit der Methode wurde ein schöner Umsatz verhindert! Aber dann jammern: „Zur Zeit läuft es nicht so richtig…“

Erlebtes Beispiel mit tollem Ende

Nächster Tatort: Optiker-Laden. Der Kunde trat in den Laden und wurde vom Inhaber nach seinen Wünschen gefragt. Der Kunde bat ihn, seine Brille freundlicherweise fachmännisch gegen eine kleine Gebühr, so drückte er sich aus, zu reinigen.

„Aber ich bitte Sie, das ist doch Service! Das mache ich gern, geben Sie mir mal das gute Stück.“ Und dann versenkte er die Brille in einem dieser modernen Ultraschall-Reinigungsgeräte. Ruckzuck war sie gründlich sauber. Er trocknete sie sehr sorgfältig mit einem großen Mikrofasertuch ab, bevor er sie dem Kunden lächelnd wieder in die Hand gab. Das Tuch hatte es dem Kunden angetan, es sah wirklich sehr solide und funktionell aus und er fragte des Optiker:

„Das Tuch interessiert mich, kann ich das bei Ihnen kaufen?“
„Hm, ja, also eigentlich nein…….. die benutzen nur wir Optiker!“
„Ich würde aber wirklich gern so eins haben!“ ließ der Kunde nicht locker. „Tut mir leid, die sind eigentlich nur für Optiker. Wenn Sie bei mir eine Brille kaufen, dann bekommen Sie ein Etui und ein Brillenputztuch gratis dazu. Sehen Sie, so eins, das schenke ich Ihnen gern, bitte sehr.“

Was er dem Kunden da entgegenhielt, war so ein übliches kleines Fitzelchen, davon lagen zu Hause genug herum, das Ding interessierte ihn kein bisschen!
Also versuchte er es noch einmal:
„Ich würde so gern das große Tuch haben, warum können Sie mir keins verkaufen?"
Er zögerte. Und dann endlich:
„Also, dies ist ein Mikrofasertuch speziell für Brillen, es kostet allerdings 4 Euro fünfzig!"
Der Kunden ging großzügig über das fast diskriminierende ***allerdings*** hinweg, gab ihm 9 Euro für 2 Tücher, bedankte sich und ging. Was war passiert?

Es war dem Kunden nur gegen den erbitterten Widerstand des freundlichen Optikermeisters gelungen, seinen Kaufwunsch durchzusetzen und also für ihn *seinen* Umsatz zu machen!

Die Geschichte ist damit noch nicht zu Ende. Kurze Zeit später begegnete der Optiker dem Kunden in der Bank. Man nickte sich wiedererkennend zu und er blieb stehen. Nach der Begrüßung reizte es den Kunden, den Optiker zu fragen, warum er ihm neulich soviel Widerstand entgegengesetzt habe, als er das Tuch kaufen wollte.

Erstmal stutzte er, dann ein befreiendes Lachen:

„Wissen Sie was, nachdem Sie aus dem Laden waren, habe ich mich wirklich an den Kopf gefasst. Sie waren ja nicht der Erste, der sich für das Tuch interessierte, aber jedes Mal habe ich abgeblockt. Immer habe ich den Kunden bedauernd einen Korb gegeben mit dem Argument, das Ding benutzten nur wir Optiker. Völlig bescheuert, es hat bei mir einfach nicht Klick gemacht! Mein Verkaufs-Instinkt hatte völlig ausgesetzt. Erst als Sie nicht locker ließen, ist der Knoten geplatzt. Ich muss mich bei Ihnen bedanken!"
Er erzählte noch, dass er jetzt jede Brille die er aus der Hand gäbe,

demonstrativ mit dem Supertuch poliere und es dabei den Kunden schmackhaft mache: „Spezielles Mikrofasertuch für Brillen, extra gut, extra groß! Hat zwar seinen Preis, aber den ist es wert!"

Inzwischen hat er die Tücher mit seinem Firmenlogo vorrätig. Das damit verdiente Geld wird extra weggelegt und ab und zu lädt er seine Frau davon zum Essen ein. Gute Idee!

Jetzt hat er einfach seinen Verkaufsinstinkt wiederbelebt, machte der Kunde ihm ein Kompliment. Jetzt wäre er seinen Kunden nicht mehr nur behilflich, er verkaufe ihnen sogar seine Ware…

Und wenn die Verkäuferin im Schuhgeschäft in Braunschweig ihrem Chef auf seine Frage, was sie verkauft hat, geantwortet hätte: „Die Dame hat ein Paar Schuhe gekauft, die sie im Schaufenster sah. Und dann habe ich ihr zusätzlich noch ein Paar Sportschuhe verkauft, Lederspray für die Lederschuhe, und dem begleitenden Herrn habe ich noch die Aktentasche gezeigt, die hat er tatsächlich auch noch genommen. Chef, heute läuft es gut!" Dann wäre auch sie nicht nur behilflich gewesen, dann hätte sie tatsächlich *verkauft*!

Im Blumenladen

Oder wie die liebe Verkäuferin in einem **Blumenladen**, in dem man auch Blumenkästen aus Kunststoff kaufen konnte, in Grün und in Grau. „Hallo! – Guten Tag! – Die Kundin suchte einen Blumenkasten aus Kunststoff für eine Fensterbank. – Gern! Und dann holt sie einen solchen Kasten in Grün. Der kostet 7 Euro, und den gibt es auch in Grau. - Sagen Sie, gibt es nicht auch solche Blumenkästen aus Kunststoff, die aussehen wie aus Holz, so gebrannt-rustikal? – Ja, die haben wir auch, aber das muss ich Ihnen gleich sagen, die sind teurer, die kosten 10 Euro 50!"

Ganz sicher hat es die Verkäuferin gut gemeint, denn sie will der Kundin offensichtlich helfen, Geld zu sparen. Die anderen Kästen tun es doch, sie erfüllen ihren Zweck. Die Kundin sagte: Und Sie möchten mir den teureren lieber nicht verkaufen, Sie warnen mich gewissermaßen? Da musste sie lachen. Nein, ich wollte nur sagen, dass die einfach etwas teurer sind! Man einigte sich dann auf den etwas teureren. Und dann würde ihr sicher jeder Verkaufstrainer raten: Wenn noch mal ein Kunde nach einem solchen Blumenkasten fragt, dann holen Sie gleich den teureren, und wenn der Kunde sagt, der sei ihm zu teuer, dann sagen Sie: Wir haben natürlich auch billigere, in Grau oder Grün, allerdings sind die nicht ganz so schön wie diese Kunststoffkästen, die wie aus Holz aussehen. Auch hier geht es nur um **Verkaufs-Instinkt**!

Was Kunden begeistert: Verkaufen mit Leidenschaft

In einem Kaufhaus erlebt ein Kunde Folgendes: „Ich interessiere mich für Krawatten mit Einstecktuch", sagt er. Die Verkäuferin zeigt sie gern.

Als der Kunde zwei nebeneinander legt, fragt er:

„Die beiden gefallen mir, welche soll ich nehmen?"
„Die sind wirklich sehr schön, wenn Sie bitte hier erst noch einmal sehen möchten, die wollte ich Ihnen auch noch zeigen, damit Sie auch die schönsten nicht übersehen!"

Richtig. Der Kunde nimmt von den ersten beiden eine weg, legt eine von den letzterwähnten dazu und fragt die Verkäuferin:

„Nun, welche von den beiden soll ich jetzt nehmen, was meinen Sie?" Der Leser wird sicher denken: „Nehmen Sie doch beide!" wäre die richtige Antwort. Nicht so die Verkäuferin. Sie sagte:

„Ach, wenn Ihnen beide gefallen, ***gönnen*** Sie sich doch beide!"

„Nehmen Sie doch beide!" ist Kopf bzw. Verstand.
„Gönnen Sie sich doch beide!" ist Herz, Verkäuferherz!

Sensationell! Ein gute Verkäuferin würde ganz sicher gesagt haben „Nehmen Sie doch beide!" Diese Super-Verkäuferin, vielleicht über fünfzig Jahre alt, mit toller Ausstrahlung, sagt: „Gönnen Sie sich doch beide!" „Nehmen Sie doch beide" ist mit dem Kopf , mit dem Verstand verkauft. „Gönnen Sie sich doch beide!" ist mit dem Herzen, mit dem Verkäuferherzen, verkauft.

Aber jetzt kommt's: Sie sagte nach dem Kauf: „Jetzt sind Sie schon mal im Haus. Gehen Sie doch noch in diese Abteilung dort (sie zeigte die Richtung), da haben wir Kaschmir-Pullover für 99 Euro, die sollten Sie sich unbedingt noch anschauen!" Der Kunde war platt. So eine Verkäuferin gibt es? Da kann man nur sagen: Abwerben!

Es gibt so wahnsinnig viele Verkäuferinnen und Verkäufer im Handel! Das heißt, sie bezeichnen sich so. Richtigerweise müssten die meisten sich anders bezeichnen: Hilfskräfte im Verkauf.

Wir brauchen Verkäufer und keine „Hilfskräfte im Verkauf"

Und die Geschäftsinhaber sollen nicht glauben, sie würden es besser machen! Klar, sie können ihre Chefautorität mit ins Spiel bringen oder in die Waagschale werfen, aber soviel besser als die Mitarbeiterinnen oder Mitarbeiter sind sie als Verkäufer auch nicht! Man gehe nur mit offenen Augen in die Geschäfte, gern auch in sogenannte Fachgeschäfte. Alle sind den Kunden gern behilflich beim Einkaufen. Und das ist es dann auch. „Vielen Dank für Ihren Einkauf! Einen schönen Tag noch!"

Enorme Umsatzsteigerungen sind einfach möglich!

Jetzt nehmen Sie einen großen Kaufhaus-Konzern in Deutschland, mit sagen wir bundesweit 15000 Damen und Herren, die im Verkauf dort tätig sind. Jeder von ihnen würde nur *ein Mal* am Tag nur einem Kunden sagen: „Ach, bevor Sie unser Haus verlassen, jetzt, wo Sie schon mal da sind, gehen Sie doch noch mal in unser Restaurant, eine Etage höher, es ist gerade Mittag, gönnen Sie sich noch einen schönen Imbiss, die haben ein Super-Buffet!" Das wäre 15000-mal an einem Tag diese Kundenansprache! Und wenn das jede Verkäuferin, jeder Verkäufer, freundlich, pro Tag 10-mal machen würde, das wären 10 mal 15000, sind **150000-mal Kundenansprache an einem Tag** mit einer solchen Empfehlung! So viele Köche gibt es gar nicht, wie dann eingestellt werden müssten, so viele Gäste kämen in die Kaufhaus-Restaurants.

Und gehen Sie noch einen Schritt weiter: Wenn alle Abteilungen von **Kaufhäusern** und großen **Einzelhandelsgeschäften**, übrigens auch **Lebensmittelmärkten**, sich morgens mit allen Verkäuferinnen und Verkäufern verständigen würden, sportlich gewissermaßen, wo sie die Kunden hinempfehlen, wenn sie nach einem Kauf die Abteilung verlassen, glauben Sie, kein Kunde verließe das Haus noch mit einem Cent in der Tasche… und was ist die Realität: „Vielen Dank für Ihren Einkauf! Einen schönen Tag noch!" Da fehlt nur noch: „Und jetzt gehen Sie bitte, verlassen Sie unser Haus, wie Sie es ohnehin jetzt geplant hatten!" Anstatt: „Etwas würde ich Ihnen gern noch zeigen, bevor Sie gehen…!" Oder: „Ach, jetzt sind Sie schon mal in unserem Haus, wir haben gerade in der 2. Etage eine Aktion mit Leder-Handtaschen, da sollten Sie noch mal schauen, die haben Super-Angebote!" 15000 Damen und Herren im Verkauf 10-mal am Tag, und das an sechs Tagen, macht 900000-mal Empfehlungen ausgesprochen. Chancen gibt es, da kann man ins Träumen kommen.

Oder stellen Sie sich einen großen **Lebensmittelmarkt** vor. Dort könnte man Mitarbeiterinnen den Auftrag geben, Kunden anzusprechen und auf Angebote hinzuweisen. Das können die dann so gut und unaufdringlich, freundlich und souverän, trainiert eben, dass niemand sich beschwert.

Einwände über Einwände: Ein Pessimist findet zu jeder Lösung das passende Problem!

Man kennt die Einwände: Das geht nicht, unmöglich, haben wir schon probiert, wir machen das schon, aber anders. Das ist alles Theorie, in der Praxis geht so was einfach nicht. Der Kunde will das gar nicht!

Aber könnten wir in einem Lebensmittelmarkt den Damen und Herren, die dort im Verkauf tätig sind, die motiviert und trainiert werden, nicht beibringen, jedem Kunden, den sie bedienen, etwas Besonderes noch zu empfehlen? Was soll daran aufdringlich oder falsch sein? Wenn Sie sich in einem Urlaubsort nach dem Weg erkundigen, passiert es nicht oft, dass Sie gesagt bekommen: „Wenn Sie dahin wollen, schauen Sie sich unbedingt mal die Kirche an, da ist eine sehr schöne und berühmte Orgel zu sehen!" Würden Sie jetzt antworten: „Danach habe ich Sie nicht gefragt!" Oder würden Sie sich nicht bedanken und eventuell der Anregung folgen? Ein Kunde hat z. B. in einem Lebensmittelmarkt von einer Mitarbeiterin an der Käsetheke einen Hinweis auf einen besonderen Rotwein bekommen mit der Information, wo er zu finden sei. Super, so was gibt es also schon, halt nur zu selten…

Das ganze Potenzial, das in Mitarbeitern steckt, wird viel zu selten wirklich genutzt!

Selbst an der Kasse kann es noch freundliche Hinweise geben, auch unaufdringlich.
In all diesen Unternehmen, so scheint es manchmal, wird alles

getan, damit der Kunde ohne Verkäufer klar kommt. Selbstbedienung, zur Kasse, zahlen und weg. Das ganze Potenzial, das in Mitarbeitern steckt, wird nicht genutzt. Aber man wird im Handel an Mitarbeitern nicht vorbeikommen. Und wenn man sie schon hat, dann bitte: Wertschätzung, Training, Motivation etc., wollen Sie doch auch, oder?

Soll man Visitenkarten nicht wenigstens immer dabei haben?

Zum Thema der Aufdringlichkeit gab es eine hübsche Diskussion zwischen einem Anwalt und seinem Freund, der vor einem halben Jahr begonnen hatte, Golf zu spielen. Der Freund fragte ihn, ob er denn schon mal einen Auftrag, ein Mandat geworben hätte auf dem Golfplatz. Insgesamt drei, nichts Großes, meinte der, hätte sich ergeben, aber es sei schon interessant. Dann fragte der Freund ihn, ob er denn immer Visitenkarten dabei hätte. Antwort: „Nee, weißt Du, das darf man nicht übertreiben, wenn man da aufdringlich ist, kann der Schuss nach hinten losgehen!" Wie recht er hat!

Es ist zum Kaputtlachen. Auf einer Skala von null bis hundert kann man es korrekt, richtig und unaufdringlich machen. Man wird mit jemandem bekannt gemacht, und man gibt dem einfach eine Visitenkarte. Ist doch nett, ist doch normal, ist sogar selbstverständlich, oder nicht? Klar, wenn man jedem ungefragt eine Visitenkarte aufnötigt, dann übertreibt man sicher, aber dann geht man auf der besagten Skala über die Hundert. Jetzt hat er Angst, er könnte übertreiben, nur wenn er Visitenkarten dabei hat! Schwachsinn! Na ja, der ängstliche Herr Anwalt wurde überzeugt. Jetzt will er wenigstens immer welche dabei haben. Falls ihn mal jemand nach einer Visitenkarte fragt, nur für diesen extremen Fall...

„Unterschätzen Sie niemals Ihren persönlichen Einfluss darauf, ob ein Kunde mehr oder weniger kauft!“

Die meisten Verkäuferinnen und Verkäufer unterschätzen ihren persönlichen Einfluss darauf, ob ein Kunde mehr oder weniger kauft! Daher lautet die Aufforderung, die man nicht nachdrücklich genug aussprechen kann: **„Unterschätzen Sie niemals Ihren persönlichen Einfluss darauf, ob ein Kunde mehr oder weniger kauft!“** Und die These soll erst einmal widerlegt werden: „Dem Kunden nur beim Einkaufen behilflich sein, das hat mit Verkaufen nichts zu tun!“

Viele freuen sich, wenn sie den Umsatz einmal um Nullkomma x oder um Einskomma y gesteigert haben. Sie schieben es dann auf alle möglichen Ursachen wie Wetter, Sortiment, Konjunktur und was nicht alles. 10 – 20 Prozent Mehrumsatz sind möglich, wenn Verkäuferinnen und Verkäufer endlich einmal anfangen würden, tatsächlich zu verkaufen! Aber nein, es muss genügen, dem Kunden beim Einkaufen behilflich zu sein!

Eine Kärtchen-Idee für alle Verkäuferinnen und Verkäufer

Vielen Dank für Ihren Einkauf,
ich habe Sie sehr gern bedient!

Unterschrift
(Name, Firma, Tel.-Nr. Internet-Adresse)

Rückseite:

**Wir freuen uns sehr,
wenn Sie Kunde unseres Hauses sind.
Bitte empfehlen Sie uns weiter.**

**Sie können übrigens auch über Internet
bei uns Einkäufe tätigen
unter *www.Aktuelle-Ware.de***

Vielen Dank!

Ein solches Kärtchen ist nur ein Entwurf, nur eine Idee, ich habe noch nirgends etwas Vergleichbares gefunden, wer damit beginnt, ist im Vorteil! Wer sehr viele Verkäuferinnen und Verkäufer hat, kann auch ein neutrales Kärtchen drucken lassen, und die Mitarbeiterin/der Mitarbeiter macht seine Unterschrift und schreibt seinen Namen in Druckbuchstaben dazu, alles ist möglich...

Der Schuhgeschäfts-Chef

In einem Schuhgeschäft interessiert sich ein Kunde für Schuhe, die er beim Autofahren tragen will, leichte Sportschuhe also. Der Inhaber bedient ihn, und der Kunde findet, was er sucht. Und jetzt (der Mann kennt den Kunden): Herr Kunde, jetzt sind Sie schon mal da. Ich habe Lederblousons eingekauft, die ich zu einem tollen Preis abgebe, möchten Sie mal sehen?

Zeigen Sie mir den Kunden, der jetzt nicht wenigstens „mal sehen" wollte. Kurz, den Blouson hat der Kunde tatsächlich gekauft, seine

Frau hat geschimpft. (Du und Deine Sonderangebote!). Zugegeben, es war nicht ganz die Farbe des Kunden, aber jetzt trägt er den Blouson öfters, damit seine Frau denkt, er würde ihm wirklich gefallen. Jedenfalls war er günstig, und die Qualität stimmte. Der Inhaber aber jetzt: „Herr Kunde, ich kenne Sie ja. Sie wollten ja nur die Schuhe fürs Auto. Jetzt haben Sie noch den Blouson gekauft! Wie bringe ich meinen drei Verkäuferinnen und meinem Verkäufer bei, dass sie, wenn der Kunden schon mal im Laden ist, wenigstens noch sagen: Jetzt sind Sie schon mal im Haus, ich zeige Ihnen noch etwas Interessantes, hier, schauen Sie, dieser Gürtel, diese Jacke, diese Tasche, oder was auch immer! Ich bin der Einzige, der Zusatzverkäufe macht! Wie bringe ich denen das bei? Die sind blind und taub, mehr Geld, mehr Freizeit wollen sie haben, aber Zusatzverkäufe? Fehlanzeige. Die mache nur ich!“

Erklären und erläutern Sie den Mitarbeitern Ihre Wünsche! Nehmen Sie sich die Zeit!

Der Kunde: „Am besten erklären Sie es den Mitarbeitern so wie mir jetzt gerade: Ihr seid blind und taub, am besten noch doof dazu sagen, mehr Geld wollt ihr immer, mehr Freizeit, und verkaufen könnt ihr nicht oder wollt ihr nicht!“ Ihre Mitarbeiter werden Sie dann in ihr Nachtgebet einschließen und dem lieben Gott danken, dass sie einen so wunderbaren Chef haben. Herr Sch., im Ernst, so geht es natürlich nicht. Nehmen Sie einen Verkaufstrainer, aber ich wette, Sie sind zu geizig für einen Verkaufstrainingstag!“ – „Wer soll das bezahlen?“ – „O.K., sagt der Kunde, ich mache Ihnen einen seriösen Vorschlag: Kaufen Sie heute mal eine Flasche Sekt, nicht gleich den teuersten, dazu drei Flaschen Orangensaft. Besorgen Sie ein Tablett und 6 Sektgläser, alles nicht vom Teuersten… Und dann geben Sie heute Abend einfach mal einen aus. Ihre Mitarbeiter werden schon fragen, was denn los sei: Ist der Chef noch mal Papi geworden? Hat er Geburtstag oder im Lotto gewonnen? Und Sie werden sagen: Nichts dergleichen. Aber da war doch heute der Kunde da, ihr erinnert euch. Und der wollte nur ein Paar einfache Schuhe für's Auto. Und da habe ich ihm doch zusätzlich noch einen Blouson verkauft, von diesen Leder-Blousons, ihr wisst schon. Und wenn ich einen von euch dabei erwische, dass er dem Kunden, wenn der schon mal im Hause ist, anspricht und ihm noch etwas zeigt nach dem Motto: Jetzt sind Sie schon mal da, ich zeige Ihnen noch etwas Schönes...; wenn ich einen dabei erwische, bekommt er sofort fünf Euro bar auf die Hand, aber nur beim ersten Mal!"

Der Kunde getraut sich heute gar nicht mehr in den Laden rein: Die Mitarbeiter lächeln schon gleich: „Herr Kunde, was soll es denn heute außer Schuhen noch sein, wir zeigen Ihnen das ganze Sortiment..." Allerdings, es sei deutlich gesagt, das geht nur mit „Liebe" und „Wertschätzung", nicht mit: Ihr seid blind und taub und doof...! Mitarbeiter wollen einfach wertgeschätzt werden, Sie doch auch, jeder!

Umsatz passiert nicht automatisch!

Viel zu viele Händler und deren Mitarbeiter glauben, Umsatz sei etwas, was automatisch passiert oder was automatisch passieren müsste. Und wenn nicht, dann liegt es an allem, nur nicht an den Händlern und ihren Verkäuferinnen und Verkäufern selbst.

Auch den Einwand kann man hören: „Man muss auch die Kunden haben, die sich das alles leisten können! In unserer Region mit hoher Arbeitslosigkeit, da können Sie Zusatzangebote machen, wie Sie wollen, die Kaufkraft ist einfach nicht da!" Dieser Einwand tut so, als würde man schon laufend Zusatzangebote machen, als hätte man schon die Erfahrung gemacht, dass die Kaufkraft nicht vorhanden wäre. Hier ist zu raten, sich selbst zu überprüfen: Verzichtet man nur deshalb darauf, Zusatzkaufmöglichkeiten aufzuzeigen, weil man *glaubt*, der Kunde könne sich das nicht leisten, oder weil man es weiß? Wenn Sie das herausfinden wollen, müssen Sie es täglich probieren, immer wieder. Und wer es hundert Mal probiert, wird feststellen, dass es mehr als zwanzig Mal funktioniert.

Mit Leidenschaft Bedarf wecken! – wer macht das heute noch?

Zum Beispiel der junge Verkäufer, bei dem der Kunde sich nach T-Shirts erkundigt, aber reine Baumwolle bitte. Er findet sie, kauft sie. Und dann der Verkäufer: „Sie erkundigen sich so genau nach *reiner* Baumwolle! Wie ist das bei Ihnen eigentlich mit Socken? Wir haben nämlich gerade Socken hereinbekommen in 100 Prozent Baumwolle. Wissen Sie, die meisten haben noch 1 – 2 Prozent Polyester. Ich zeige Ihnen die mal eben!“ Und schon geht er sie schnell holen.

Wenn dieser begnadete Verkäufer den Kunden nicht auf diese reinen Baumwoll-Socken angesprochen hätte, er hätte die 5 Paar nicht gekauft, die er dann tatsächlich erwarb. Das ist Verkaufen, das ist mehr als nur beim Einkaufen behilflich sein! Mehr von diesen Verkäufern, und es könnte gar nicht so viel Ware beschafft werden, wie dann verkauft würde.

Beim Fleischer

Kürzlich kauft eine Kundin Wurst beim benachbarten Metzger. Die Senior-Chefin: „Frau K., bei dem schönen Wetter, Sie könnten doch heute Abend grillen. Schauen Sie mal hier, wir haben Fleisch vorgewürzt!“ Die Kundin ruft über Handy ihren Mann an, gesagt, getan. Hätte sie gegrillt an diesem Abend, wenn die gute Metzgersfrau sie nicht darauf angesprochen hätte? Diese 12 Euro Umsatz hat die Metzgerin *gemacht*, dieser Umsatz ist nicht „passiert“! Der Beispiele gibt es viele, der Handel braucht Tausende! Täglich! Und das müssen alle Verkäuferinnen und Verkäufer lernen und trainieren.

Nennen Sie das einfach den „Columbo-Effekt“!

Jeder kennt Inspector Columbo. Wofür war er weltberühmt? Für seinen Knittermantel, seinen alten Peugeot, aber vor allem für seine Art: Er ging raus und – kam noch mal rein: „Eine Frage hätte ich noch…!“ Weltberühmt diese Marotte, super von Peter Falk gespielt!

Wenn jede Verkäuferin, jeder Verkäufer das anwenden würde: Der Kunde geht, will sich verabschieden, und der Verkäufer sagt: „Ach, bevor Sie gehen, das würde ich Ihnen noch gern zeigen!“ Oder „Bevor Sie gehen, noch ein Tipp…“ Mit dieser „Columbo-Methode“ sind Milliarden von Euro Mehrumsatz möglich. Stellen Sie sich vor: Hunderttausende von Verkäuferinnen und Verkäufern praktizieren diese Methode nur 10-mal pro Tag, und nur 2-mal würde es zum Erfolg führen! Ist damit nicht klar, dass hier die Milliarden Mehrumsatz schlummern?

Klar ist, dass Umsatz

nicht einfach so

„passiert“,

oder sich automatisch

„ereignet“

–

Umsatz muss

g e m a c h t werden,

durch die Menschen im

Verkauf!

Im Sanitätsladen

Der Kunde sucht Einlagen für Schuhe und findet sie. Die Verkäuferin: „Wandern Sie zufällig?“ – „Ja, warum“? – „Ich zeige Ihnen mal neue Socken, die sich fürs Wandern besonders eignen. Die sind übrigens sogar gekennzeichnet, für linken und für rechten Fuß.“ Ist das nicht toll? Das ist aktives Verkaufen! Wäre es doch nur normal! 2 – 3 Prozent Umsatzsteigerung? 10 – 20!!! Wie? Colombo-Effekt!

Angst, Bedarf zu wecken, Angst, zu verkaufen

Viele Verkäuferinnen und Verkäufer getrauen sich nicht, den Kunden auf Zusatzangebote oder auf Alternativen zu seinen Wünschen oder auf andere Waren hinzuweisen, also weiteren oder neuen Bedarf zu wecken.

Die Bedenken drücken sich so aus:

- das kann man doch nicht machen!
- die Kunden wollen das nicht!
- das wäre bei meinen Kunden zu aufdringlich!
- das wäre sogar mir selbst zu aufdringlich.
- damit würden wir die Kunden vertreiben!
- man muss die Kunden auch in Ruhe schauen lassen.
- ich kenne meine Kunden,
  die würden sich ganz schön beschweren.
- wir sind doch keine Marktschreier.
- das wäre unseriös.
- wir sind ein seriöses Geschäft.
- ich selbst würde auch nicht so angesprochen werden wollen.

- ich habe das mal probiert, ging voll daneben.
- Kunden wollen nicht bevormundet werden.
- unsere Kunden haben eine andere Mentalität.
- das würde ich mich nicht getrauen.
- für meinen Chef genügen Freundlichkeit und Hilfsbereitschaft.
- wir haben gar nicht die Kunden, die *mehr* kaufen möchten!
- in unserer Region gibt es gar nicht diese Kaufkraft!
- die Menschen hier sind froh, überhaupt das nur Gewünschte kaufen zu können!
- dazu muss man erst mal die entsprechenden Kunden *haben*!
- Sie können sich so etwas vielleicht leisten, unsere Kunden können das gar nicht!

Alles Vorwände! Woher will man das so genau wissen? Es wurde nicht ausprobiert! Also gilt für alle Menschen, die sich für eine verkäuferische Tätigkeit entschieden haben, den Mut aufzubringen, Neues zu probieren, zu testen! Von früh bis spät! Ermutigung zum Verkaufen durch die Vorgesetzten tut not! Die Kunden kaufen gerne mehr. Und sie belohnen verkäuferisches Engagement! Und sie kommen wieder. **Zwischen nichts tun, außer hilfsbereit und freundlich zu sein, wie bisher, und übertreiben, wie Sie noch nie übertrieben haben, ist die ganze schöne große Palette von Möglichkeiten, den Umsatz positiv zu beeinflussen! Zwischen Inaktivität und Aufdringlichkeit liegen Welten des Probierens.** Siehe Rechtsanwalt und Visitenkarten auf dem Golfplatz.

Klar, wer zu weit geht, bekommt sicher das entsprechende Feedback. Aber bevor Sie zu weit gehen mit Ihrem verkäuferischen Engagement, gehen Sie doch erst einmal den ersten Schritt!

Die Optiker-Kette

In einer Brillen-Filialkette hatte ein Verkaufstrainer einmal zu tun, es ging um ein Verkaufstrainingsvorhaben. Etwa 100 Filialen, etwa 500 Mitarbeiter. Er schlug vor, eine Stadthalle zu mieten, Mikrofon und 1 Tag Verkaufstraining für alle. War natürlich ein Scherz. Der Kunde konnte schließlich nicht die Filialen schließen! Also gut, in Gruppen zu vielleicht 14 Damen/Herren Optiker, an verschiedenen Orten, jeweils 1 Tag intensiv. Was der Trainer nicht wusste, aber dort erfuhr: es gibt Ultraschall-Reinigungsgeräte für 29 Euro 90, und die gibt es in allen Filialen zu kaufen. Es gibt auch billigere, aber die für 29 Euro 90, die hat man in allen Filialen vorrätig. Der Trainer fragte nach einiger Zeit einen Seminarteilnehmer (Optiker), wann er denn zum letzten Male ein solches Ultraschall-Reinigungsgerät verkauft habe.

„So etwa kurz vor Weihnachten, glaube ich."

„Und Sie, wenn ich fragen darf?"

„Auch so kurz vor Weihnachten."

„Und Sie?"

„Bei mir ist es schon etwas länger her."

„Und bei Ihnen?"

„Bei mir ist es auch schon etwas länger her."

„Und wozu haben Sie diese Geräte im Sortiment?"

„Ja, das ist ein Artikel, nach dem die Kunden kaum fragen, äußerst selten jedenfalls!"

Was halten Sie davon, schlug der Trainer dann vor, dass jeder von Ihnen einem Kunden, der seine Brille abholt, oder der eine Brille kauft, auch eine Sonnenbrille zum Beispiel, dass jeder diesem Kunden etwa folgendes sagt: „Übrigens, bevor Sie gehen, das würde ich Ihnen gern noch zeigen, wenn Sie nur einen Moment noch Zeit haben. Schauen Sie hier, das ist ein Ultraschall-Reinigungsgerät, so funktioniert das. 29 Euro 90. Gestern hat übrigens ein Kunde gleich 2 gekauft. Er ist Brillenträger und will ein Gerät auch seinem Freund zum Geburtstag schenken, das eignet sich bestens als Geschenk!“

Chancen über Chancen!

Diesen Satz hat der Trainer den Teilnehmern 6 mal „vorgespielt“, sie riefen schon: „Ja, wir haben es kapiert!“ Und alle mussten lachen. Inzwischen hat der Hersteller bei diesem Unternehmen angerufen und gefragt, was los sei. Es würden auf einmal so viele Ultraschall-Reinigungsgeräte bestellt. Wurden bis dato bei 90 Filialen pro Woche nur 5 - 8 (!) davon verkauft, waren es plötzlich pro Woche wesentlich mehr. Folgende Frage stellte der Trainer allen Damen und Herren, die im Verkauf in den Filialen tätig sind: Wie viele Ultraschall-Reinigungsgeräte trauen Sie sich zu, pro Woche zu verkaufen, wenn wir so vorgehen?

„Ach, bestimmt 1 - 2 würde ich mir in der Woche zutrauen. (Der Trainer dachte auch schon an eine solche Zahl, aber pro Stunde!) Und Sie? „Auch so 2 - 3 vielleicht.“ Und Sie? „Ich vielleicht 4 - 5 pro Woche.“ Gut, sagte der Trainer. Wenn jeder verspricht, pro Woche tatsächlich nur 2 zu verkaufen, dann sind das bei 400 Damen und Herren im Verkauf pro Woche 800 Geräte. Bisher verkauft: 5 - 8 pro Woche! Hier sind Chancen über Chancen! Aber das geht nicht mit Gewalt. Das geht nicht mit: „Jetzt strengt Euch mal an!“ – mit „Wofür werdet Ihr eigentlich bezahlt!“ – oder mit „Wann lernt Ihr endlich mal zu verkaufen!?“ und ähnlichen Beschimpfungen.

Das geht nur mit: LIEBE, mit WERTSCHÄTZUNG, mit RESPEKT gegenüber den Mitarbeitern. Und mit VORMACHEN!

Hier liegt eine Umsatzreserve, die erst noch gehoben werden will. Und es geht nicht mit „Dem Kunden beim Einkauf behilflich sein". Es geht nur mit: Verkaufen!

Der Trainer fragte dann, was das teuerste Brillen-Etui kosten würde.

„Ich glaube, so etwa 25 - 35 Euro."
„Wissen Sie es genau?"
„Genau nicht, aber so zwischen 25 und 30 Euro dürfte stimmen."
„Ich meine sogar, wir haben eines für über 35 Euro."
„Wissen Sie es vielleicht genau?"
„Die Kollegin liegt richtig mit den Preisen!" kam als Antwort.

Die Damen und Herren konnten es gar nicht genau wissen. Weil sie die Etuis nie angeboten haben bzw. anbieten. Die Antwort würde auch nicht verwundern: „Die Kunden fragen kaum danach..."

Aber dann eine Kollegin aus Leipzig:

„Ich kann Ihnen zwei Preise nennen: wir haben eines für 26 Euro 50 und eines für 38 Euro 90."
„Warum wissen Sie das so genau?"
„Ja, bei mir ist es so: ich habe eine Marotte. Jeder Kundin, jedem Kunden, der bei mir eine Brille kauft oder abholt, dem lege ich diese beiden Etuis vor, und dann frage ich: möchten Sie sich zu dieser schönen neuen Brille nicht noch ein schönes Etui leisten?" (Neuerdings fragt sie „gönnen").
„Und wie ist Ihre Erfolgsquote?"
„Na ja, 5 - 6 von 10 Kunden kaufen tatsächlich noch ein Etui dazu."
Toll. Man kann nur sagen: abwerben!

Und was ist mit den Wetterstationen in den Vitrinen? Mit den Operngläsern, mit all den anderen Artikeln, die auch noch ausgestellt sind in jeder Filiale? Ei, die Kunden fragen nicht danach. Dafür gibt es offenbar kein Interesse!

Nun, die Umsätze sind ungewöhnlich stark gestiegen. Es geht, allerdings nur mit Liebe und mit großer Freude, mit Leidenschaft am Verkaufen und mit Engagement für den Kunden! Es kann nicht oft genug wiederholt werden!

Unternehmerisch denken und handeln! Verkaufen ist existenziell wichtig!

Und die Damen und Herren wurden noch etwas vom Trainer gefragt:

„Ich weiß ganz genau, wann Sie alle immer Ultraschall-Reinigungsgeräte, Etuis, Wetterstationen etc., etc. anbieten und verkaufen würden! Wollen Sie wissen wann?“

„Ja, sagen Sie!“

„Wenn die Filialen Ihre eigenen Läden wären, wenn Sie die Miete, die Leasingraten, die Gehälter, die Nebenkosten, die Ware, Strom, Gas, Wasser bezahlen müssten, wenn Ihre Familie vom Rest noch leben müsste! Sie würden mit Gewalt jeden Kunden daran hindern, den Laden zu verlassen, bevor sie ihn nicht auf das komplette Angebot aufmerksam gemacht hätten, und bevor er nicht alles Geld, das er dabei hat, bei Ihnen ausgegeben hätte! Er dürfte den Laden nur verlassen, um bei der Bank frisches Geld zu holen…!“

Alle sollten wie Unternehmer denken und handeln, Angestellte denken oft, das Gehalt kommt schon automatisch. „Angestellten-Mentalität“. Es gibt allerdings auch diese Verkäuferinnen und Verkäufer, die so verkaufen, aus Spaß und aus Freude am

Verkaufen und am liebevollen Umgang mit dem Kunden. Die denken unternehmerisch. „Unternehmer-Mentalität. Die Chefs müssten es nur mehr vorleben."

Man kann nicht oft genug wiederholen:

Umsatz passiert nicht einfach so.
Umsatz muss gemacht werden!

Und:

Unterschätzen Sie niemals Ihren persönlichen Einfluss darauf, ob ein Kunde mehr oder weniger kauft!

Beim Juwelier I

In München gibt es einen nicht allzu großen Juwelierladen, der doch tatsächlich mit den Damen und Herren im Geschäft schon mehrfach Verkaufstrainings durchgeführt hat und immer wieder durchführt. In seinem eigenen Laden. So viele machen das nicht. Samstagnachmittag und Sonntag. Und das mit gut gelaunten Damen und Herren im Verkauf. Nun ja, die haben ein Super-Klima, mögen sich gegenseitig, lachen gern und sagen nicht Nein, wenn der Chef halt alle 2 Jahre mal so etwas macht. (Mit tollem Abendessen am Samstagabend!)

Dort passierte einmal folgendes: Ein Kunde kommt herein und es entwickelt sich folgendes Gespräch:

„Guten Tag."
„Schönen guten Tag!"
„Ich suche eine Uhren-Schatulle!"

„Entschuldigung, Sie suchen bitte was genau?“ (Die Mitarbeiterin war ziemlich neu und noch nicht so branchenvertraut, aber sehr freundlich. Es gibt halt wunderschöne Uhren-Schatullen, Uhren-Kästen in feinstem Holz, Mahagoni, Kirschbaum oder Esche z.B., mit Glas-Deckel, zur Aufbewahrung von 6 oder mehr Armbanduhren. Sogar mit Uhren-Beweger für Uhren, die nicht stehen bleiben sollen). Und genau das suchte der Kunde.

„Eine Uhren-Schatulle für 6 Armbanduhren.“
„Sehr gern, kleinen Moment bitte!“
Und sie geht rasch nach hinten ins Büro, wo der Chef sitzt. „Da wünscht ein Herr eine Uhren-Schatulle für 6 Uhren.“ – „Ja, logisch, haben wir. Kommen Sie mit, wir machen's zusammen, dann lernen's gleich, worum es geht.“

„Grüß Gott! Meine Mitarbeiterin sagt mir, Sie suchen eine Uhren-Schatulle für 6 Armbanduhren. Hier habe ich eine in Mahagoni, schauen Sie.“
„Die ist aber sehr schön, genau so eine suche ich, die gefällt mir, was soll die kosten?“
„Die kostet – kleinen Moment sofort, ich schaue nach…“

Und der gute Juwelier rennt ins Büro nach hinten, mit der Schatulle. Was hatte er plötzlich gesehen? Da war noch ein Preis-Schild dran in D-Mark! 198,00 D-Mark! Das macht er schnell ab.

„Ja, ich habe nachgesehen, die kostet 210 Euro, ich gebe sie Ihnen gern für 200 Euro!“ (Inflation klar mit eingerechnet…)

Der Kunde kauft und ist hochzufrieden. Du meine Güte, so etwas zu erleben. Man stelle sich folgenden kleinen Dialog mit dem Juwelier vor: „Wann habt Ihr zum letzten Mal eine solche Uhren-Schatulle verkauft?“ – „Das ist schon ziemlich lange her. Die Kunden fragen selten nach so etwas.“ – „Und warum habt Ihr die im Sortiment? Wie lange hattet Ihr diese Uhren-Schatulle schon im

Schrank? Habt Ihr noch mehr davon?" – „Keine Ahnung, müsste ich nachsehen."

Ist es zu fassen? Die Kunden fragen nicht danach! Das nennt man „grob fahrlässig Umsatz verschenken". Und ausgerechnet in der Zeitung steht am selben Tag im Wirtschaftsteil die Überschrift: **Kein Aufschwung im Handel!** Untertitel: Der Umsatz sinkt im Mai kräftig! Und dann: Der Konsum-Aufschwung lässt auf sich warten. Die Einzelhändler verzeichnen im Mai nach vorläufigen Schätzungen des Statistischen Bundesamtes einen Umsatzeinbruch usw.

Wenn man das erlebt, fällt einem das berühmte Wort von Max Reinhardt (1873–1943 ein): „Man kann gar nicht so viel fressen, wie man kotzen möchte!"

Aber der Juwelier hat daraus gelernt. Gehen Sie heute mal in diesen Laden. Schon ab Oktober werden viele Kunden humorvoll-freundlich und in verbindlich-vertrautem Ton gefragt: „Übrigens, haben Sie schon ein Weihnachts-Geschenk für Ihren Mann? Ist er zufällig Uhren-Liebhaber?" Und bevor die Kundin antworten kann: „Wissen Sie, ich frage aus folgendem Grund: Schauen Sie, eine solche Uhren-Schatulle, 210 Euro...usw." Und die Schatulle liegt dann schon bereit zum Zeigen und Vorführen. Auch werden Kunden aus heiterem Himmel gefragt: „Sie suchen nicht zufällig in den nächsten Monaten ein schönes Geburtstag-Geschenk? Schauen Sie mal hier, was es gäbe..." Das ist Verkaufen.

Inzwischen hat der Lieferant angerufen, warum in der letzten Zeit so viele Uhren-Schatullen bestellt würden, die waren doch früher nicht so gefragt. Früher wurden pro Jahr 2 - 5 verkauft! Wenn ein Kunde danach gefragt hat! Heute wird der Kunde gefragt, ob er so etwas Schönes schon kennt!
Ältere Kunden werden schon mal gefragt: „Haben Sie zufällig eine Enkelin oder einen Enkel?" – „Wieso fragen Sie?" – „Schauen Sie,

hier haben wir einen hübschen Kinderring oder eine hübsche Armbanduhr, die sich bestens eignet, um der Enkelin/dem Enkel eine Freude zu machen…"

Und wieder die Einwände…
„Wer will, sucht Wege, wer nicht will, sucht Gründe!"

Der kritische Leser wird jetzt schlimmste Befürchtungen äußern: Das geht doch zu weit! Ich kann doch einen wildfremden Kunden nicht einfach fragen, ob er Enkel hat! Wo kämen wir denn dahin! Der Schuss kann doch auch nach hinten losgehen! Ja dann machen Sie es halt nicht bei wildfremden Kunden, sondern erst mal nur bei Ihnen bekannten Kunden. Machen Sie es überhaupt nur einmal! Ein erstes Mal! Viele Menschen machen bestimmte Dinge einfach nicht, weil sie behaupten zu wissen, wie der Andere darauf reagieren würde, nämlich negativ! Viele haben selbst auch eine genaue Vorstellung davon, eine außerordentlich genaue Vorstellung davon, wie ein Freund reagieren **würde**, wenn man ihm zur Begrüßung ein Glas Wasser ins Gesicht schütten **würde**. Fast jeder **weiß** , wie der Freund reagieren würde! Aber wenn man es genau wissen will, was muss man dann tatsächlich machen? Schütten! Dann sieht man, wie der Freund tatsächlich reagiert! Getrauen Sie sich endlich mehr! Wagen Sie das Äußerste: Bieten Sie Ihre Ware an! Zeigen Sie, was Sie haben! Machen Sie endlich Umsatz und warten Sie nicht, dass er „passiert"!

Umsatz passiert nicht einfach, Umsatz wird gemacht oder eben nicht. Und dann lesen wir in den Zeitungen: Kein Aufschwung im Einzelhandel!

Unsere Energieverteilung in Verkaufsgesprächen

Die folgende Abbildung (Abb. 1) zeigt die Energieverteilung in typischen Verkaufsgesprächen.

Typische Verkaufs-Gespräche
und die „Energie-Verteilung“

1. Kontakt herstellen
(Beziehung aufbauen)

2. Klären/Bedarf ermitteln
Fragen <u>können</u>!!!

3. Angebot/Lösung/
Produkt/Ware zeigen
Argumentieren!!!

4. Einwände entkräften
„kämpfen“
oder „unterstützen“

5. Abschließen/Vereinbaren

Ziel
Folge

Das Dreieck (Spitze oben) bedeutet, dass der Verkäufer sofort auf sein Ziel zusteuert: er will, er soll verkaufen, *koste es, was es wolle!* Beziehung herstellen, nach Einzelheiten fragen – Fehlanzeige! Der Kunde hat seinen Wunsch geäußert, und jetzt geht es los: zeigen, erklären, das Produkt loben, Druck machen, der Kunde wollte das doch! Einziges **Ziel** des Verkäufers: Verkaufen! Das ist kaltes Verkaufen!

Beim Dreieck (Spitze unten) geht es anders: erst einmal etwas für die Beziehung tun. Das beginnt bei der Begrüßung. Wie wenige Verkäufer getrauen sich, nur einmal lächelnd(!) zu sagen: „Schön, dass sie gekommen sind!“ – „Wieso?“ – „Wir freuen uns über jeden Kunden, der zu uns kommt!“ Und das Ganze mit Souveränität und Humor. Ich habe es erlebt, es funktioniert – wenn Sie gut drauf sind! Auch getrauen sich viele Verkäufer nicht zu sagen, „Ich freue mich, Sie kennen zu lernen!“ Da sagt man „Freut mich!“ oder „Angenehm!“ Das sind kleine Unterschiede. Man muss das nicht immer am Anfang sagen. Ich kann auch am Ende eines Gespräches sagen: „Ich freue mich, dass ich Sie kennen gelernt habe!“ Oder ähnlich formuliert.

Dann sollte **gefragt** werden. Ein durchschnittlicher Verkäufer stellt nur 3 - 4 Fragen in einem ganzen Verkaufsgespräch! Verheerend! Wenn Sie mehr als 5 Fragen stellen, sind Sie schon besser als der Durchschnitt! Wussten Sie, dass ein vierjähriges Kind im Durchschnitt pro Tag 437 Fragen stellt? Stand in der FOCUS. Und die Erwachsenen? „Frag nicht so viel!“ – „Frag die Mama!“ – „Du und Deine vielen Fragen, Du gehst mir auf die Nerven!“ und so weiter. Die Kinder realisieren sehr schnell: Wenn ich viel frage, gibt es Schwierigkeiten. Und sie hören damit auf, verlernen es. Und dann: In vielen teuren Seminaren über das Verkaufen kommt immer wieder das Thema „Fragetechnik“ dran. Da lernen wir wieder: Fragen wie Kinder. Die Welt ist schon merkwürdig.

Beim Juwelier II
...mit richtiger Energieverteilung

Ein etwa 60jähriger Mann, sehr gut gekleidet, mit tadellos sitzendem Anzug, exzellenter Krawatte, gutem Schuhwerk – man sieht auf den ersten Blick, der könnte sich etwas leisten.... (obwohl man vorsichtig sein muss: Viele Menschen sind exzellent gekleidet, aber nicht wohlhabend – und viele sind absolut nicht gut gekleidet, jedoch außerordentlich wohlhabend...).

Bei diesem unserem Herrn wollen wir jedoch einmal davon ausgehen, dass er wohlhabend gewesen ist. Er betritt ein Juweliergeschäft mit „Guten Tag“ und die Antwort des Juweliers lautet: „Guten Tag“, und er schaut den Kunden freundlich fragend an. Der sagt: „Ich interessiere mich für ein goldenes Armband.“ – Der Juwelier: „Gern!“

Und jetzt, lieber Leser, fragen Sie sich einmal, wie viele von hundert Juwelieren folgende Antwort geben würden: „Gern – da kann ich Ihnen schöne Stücke zeigen. Nehmen Sie doch bitte Platz, ich hole mal einige schöne Armbänder.“ Und dann fragen Sie sich bitte, wie viel von hundert in der gleichen Situation sagen würden : „Gern – darf ich fragen, für welchen Anlass ist das Armband gedacht?“ Oder: „Wie viel möchten Sie denn ausgeben?“ Oder: „Für wen soll es denn sein?“ ... und verschiedene andere Fragen, die ebenfalls noch möglich sind.

Der ***erste*** ginge sofort in die Phase 3 des Anbietens über, (siehe obiges Modell eines Verkaufsgespräches, Abb. 1), indem er anbietet, viele schöne Armbänder zu zeigen, damit der Kunde eine Auswahl treffen kann. Die Logik dieses Verkäufers ist die verkäuferische Logik. Er sagt sich nämlich, da haben wir sehr schöne Stücke, eine große Auswahl, alle Preislagen. Das alles stelle ich ihm vor, er kann wählen, und sehr wahrscheinlich geht der Verkauf so über die Bühne. Der ***zweite*** Verkäufer hat auch eine verkäuferische Logik. Er geht in die Phase 2 des Modells für das Verkaufsgespräch (s. Abb. 2). Er sagt sich, am besten frage ich ihn einmal, für wen, für welchen Anlass, Weiß- oder Rotgold, mit oder ohne Brillant etc. – Diese Logik beinhaltet: Ich frage ihn das alles erst einmal, dann brauche ich ihm nicht mein gesamtes Angebot an Armbändern zu zeigen, sondern ich treffe durch meine gezielte Fragen eine Vorauswahl und zeige ihm dann nur die Armbänder, die bei diesem Bedarfsfall tatsächlich in Frage kommen. Und – dieser Verkäufer denkt weiter: Wenn ich so vorgehe, ist der Verkauf des Armbandes eine gemachte Sache. Auch er denkt nur an das **Ziel: Verkaufen!**

Man kann davon ausgehen, dass 99 von 100 Verkäufern so vorgehen, zeigend oder fragend, und sie gehen verkäuferisch-logisch vor.

Empathisches Verkaufen – Verkaufen mit „Sich-in-den-Kunden-einfühlen“

So, und jetzt denken Sie bitte einmal darüber nach, was der Kunde mit diesem Armband möglicherweise vorhat. Wenn Sie darüber nachdenken, beschäftigen Sie sich zum ersten Mal mit dem Kunden selbst. Sie denken und fühlen sich in ihn ein, das nennt man Empathie, sich in jemanden einfühlen. Sie könnten z. B. vermuten, dass er es verschenken will *(Hineinfühlen!)*. Wenn das der Fall ist, möchte er damit offensichtlich jemandem eine Freude machen *(Hineinfühlen!)*. Bei einem besonders wertvollen

Armband will er sogar jemandem eine besonders große Freude bereiten *(Hineinfühlen!)*. Was sieht der Kunde beim Betreten des Juwelierladens bereits vor seinem geistigen Auge? *(Hineinfühlen!)*. Jetzt antworten viele: „Das Armband am Arm." – Aber ist dies richtig? Kaum. Wahrscheinlicher ist: Vor seinem geistigen Auge sieht der Kunde schon beim Betreten des Ladens das freudig-erregte Strahlen in den Augen der zu beschenkenden Person – wir wollen offen lassen, wer dies sein mag –, und zwar sieht er dieses Strahlen bereits vor seinem eigenen geistigen Auge in dem Moment, wo die zu beschenkende Person das Päckchen öffnet.

All dies weiß aus langer Erfahrung der Juwelier. Als der Kunde also kommt und sagt: „Ich interessiere mich für ein goldenes Armband", antwortet der Juwelier ganz freundlich: „Da wollen Sie bestimmt jemandem eine Freude machen?" *(Einfühlung!)*. Und das gehört auch in die 2. Phase des Modells eines Verkaufsgespräches.

Natürlich gibt es immer mal einen miesepeterigen Kunden.

Und jetzt gibt es garantiert *einen von 10.000 Kunden*, der antworten würde: „Ich denke, das geht Sie eher nichts an!" Aus Angst vor einem solchen miesepeterigen Kunden getrauen sich viele Verkäuferinnen und Verkäufer nicht, *empathisch* zu verkaufen – also mit Einfühlungsfähigkeit zu verkaufen. Es könnte ja schief gehen. Aber unser Juwelier hat es riskiert und tatsächlich gesagt: „Da wollen Sie bestimmt jemandem eine Freude machen." Und siehe da, der Kunde antwortet mit einem Lächeln: „Ja, meine Tochter hat Abitur gemacht!" Jetzt könnte natürlich der Juwelier antworten: „Danach habe ich Sie nicht gefragt." – Das wird er sicher nicht tun, er wird eher vermutlich sagen: „Oh, herzlichen Glückwunsch! Da wird sich aber jemand sehr freuen." (Das ist mehr menschlich und weniger verkäuferisch!) Nun fährt der

Juwelier fort: „Darf ich fragen – ich möchte natürlich nicht neugierig sein –, was hat Ihre Tochter denn jetzt für Pläne? Möchte sie studieren oder etwas Ähnliches tun?“ Der Kunde antwortet in der Tat: „Ja, sie möchte Betriebswirtschaft studieren, der Notendurchschnitt war 1,2. Wir sind alle sehr glücklich, dass dies geklappt hat.“

Ist der Auftrag noch zu verhindern?

Nein, er ist nicht zu verhindern – und warum? Der Juwelier hat sich *einfühlsam* und *mitfühlend* verhalten. Er ist *auf den Kunden eingegangen,* und er hat nicht etwa in erster Linie an das Verkaufen des Armbandes gedacht, sondern er hat daran gedacht, menschlich auf diesen Kunden einzugehen. Viele Verkäufer unterschätzen die Bedeutung der menschlichen Zuwendung in einem Verkaufsgespräch. Sie denken an Verkaufen und verhalten sich lediglich *verkaufstechnisch* richtig. Jeder erfahrene Verkäufer weiß: Wenn man sich dem Kunden gegenüber menschlich-zuwendungsvoll verhält, verkauft man mindestens genau so viel, vermutlich sogar mehr, als wenn man immer nur alles verkaufstechnisch richtig macht. Menschlich-zuwendungsvolles Verkaufen – das ist die Devise. Der Kauf durch den Kunden ist ***die Folge*** eines exzellent geführten Gespräches. Ziel ist also ein menschlich-kompetentes Gespräch, Ziel ist nicht der Verkauf. Es mag sich merkwürdig anhören:

Menschlich (und empathisch) orientierte Verkäufer verkaufen mehr, als nur verkäuferisch orientierte Menschen!

Es ist zu bedauern, dass in vielen Verkaufstrainings immer noch mehr Wert auf „Verkaufstechnik“ gelegt wird als auf Menschlichkeit, auf Empathie! Geschäfte werden immer noch zwischen Menschen gemacht und nicht zwischen Firmen.

Herren-Konfektion I

In eine Herrenbekleidungsabteilung geht ein Kunde, er kennt den Verkäufer dort. Der begrüßt ihn mit den Worten:

„Herr Weber, dass Sie mal wieder reinschauen!
Der Tag ist gerettet, es gibt Umsatz!"
„Hallo, Herr M., wie geht's denn? Ich bin nur in der Stadt unterwegs und ich wollte mal reinschauen. Im Moment brauche ich wirklich nichts!"
„Kein Problem." Dann Small Talk ca. fünf Minuten. Und dann: „Gestern habe ich übrigens einen Anzug hereinbekommen, den zeige ich Ihnen mal, auch wenn Sie heute nichts kaufen, den müssen Sie gesehen haben!"

Er holt ihn einfach. Und dann nimmt er die Jacke, hält sie hin und sagt:

„Herr Weber, probieren können Sie ja mal, nur aus Interesse!"

Klar, der Kunde zieht die Jacke an, ist auch nicht schlecht drauf. Er probiert ja nur. Eine solche Situation ist nicht selten. Und als die Jacke passt, sagt der Verkäufer:

„Das ist ja toll, die passt genau. Herr Weber, jetzt probieren Sie auch noch die Hose, gehen Sie einfach da in die Kabine, die Jacke können Sie mir schon zurückgeben. Mich interessiert einfach, ob es zufällig genau Ihre Größe ist." (Dass er gern den Anzug verkaufen will, ist doch auch dem Kunden klar!)

Ob er den Anzug nun gekauft hat, das ist nicht wichtig. Aber als er aus der Kabine zurückkommt, hat mein Verkäufer die Jacke sauber auf dem Tisch liegen, darin ein Hemd mit passender Krawatte, daneben noch ein anderes Hemd, ebenfalls mit passender Krawatte, und dann seine Frage:

„Was meinen Sie, Herr Weber, wären das nicht schöne Kombinationen?“

Wie gesagt, es ist hier nicht wichtig, ob es zum Kauf gekommen ist. Aber vor diesem Verkäufer ist der Hut zu ziehen. Und er war *nicht* aufdringlich, obwohl mancher das jetzt sicher denkt. Gute Verkäufer haben es im Gefühl, wie weit sie gehen können, bis sie übertreiben. Man kann nämlich auf zwei Arten vorgehen: Auf die aufdringliche und auf die nicht aufdringliche Art. Dieser Verkäufer hat sich für die nicht aufdringliche Art entschieden, allerdings für die engagierte, die leidenschaftliche Art. Und der Verkäufer ist sehr erfolgreich in seiner Abteilung. Er war ein Verkäufer, in einem Kaufhaus, mit folgender Grundeinstellung: „Wenn ein Kunde in meine Abteilung kommt, befindet er sich bei mir im Fachgeschäft! Und genau so wie dort wird er bei mir bedient, am liebsten noch besser!“

Herren-Konfektion II

Ein ganz ähnliches Kundenerlebnis, aber doch ganz anders in Bremen. Dort gibt es einen Herrenausstatter R. Der Kunde hatte in der Stadt zu tun, und in der Mittagspause geht er in den Laden, nur um zu schauen… Und da hängt tatsächlich ein Anzug, ein Glencheck, den er herausnimmt, auf einen Haken hängt und ihn sich aus etwas Distanz anschaut. Kommt ein Verkäufer, freundlich (o.k., das unterstellen wir immer, dass jemand im Verkauf freundlich ist), nimmt den Anzug, den der Kunde da hingehängt habt, hält ihn höher, schaut den Kunden an, schaut den Anzug an, und sagt:

„Da haben Sie sich aber einen schicken Anzug ausgesucht!“

Da der Kunde schon auf den Preis gesehen hatte, klar, viele Kunden sehen immer gleich auf den Preis, 998,00 Euro, stand fest: Niemals! Und er fängt in der gleichen Sekunde an, darüber scharf nachzudenken: „Wie komme ich hier ohne Anzug und ohne mein

Gesicht zu verlieren wieder raus?“ Und brummt: „In der Tat, der sieht gar nicht so schlecht aus.“ Und der Verkäufer? Er nimmt die Jacke vom Bügel, hält sie ihm freundlich hin und sagt, das kennen Sie vom vorigen Erlebnis:

„Probieren Sie doch einfach mal, dann sehen wir, ob es genau Ihre Größe ist.“

Der Kunde probiert die Jacke und sie passt. Sagt der Verkäufer auch: „Die sitzt“, und er korrigiert noch ein wenig mit den Händen am Revers. Und dann:

„Wenn Sie noch etwas Zeit hätten, kommen Sie doch bitte kurz mit“ – und er nimmt den Kunden irgendwie mit Richtung Kabine – „probieren Sie doch noch die Hose, ich bin gespannt, ob die genauso gut passt.“

Und der Kunden verschärft auf dem Weg in die Kabine sein Nachdenken darüber, wie er ohne diesen Anzug wieder rauskommt aus dieser Nummer. Und in der Kabine kommt ihm der rettende Einfall – die Hose passte nämlich auch ausgezeichnet:

„Wissen Sie, die Hose passt auch, tatsächlich! Könnten Sie den Anzug vielleicht ein, zwei Tage zur Seite hängen, ich komme noch einmal mit meiner Frau, die berät mich nämlich in Kleiderfragen ganz gern.“

Was wusste der Verkäufer im gleichen Moment? Dass er vermutlich nicht wiederkommen würde, die Story mit der Frau war nur eine Ausrede. Und jetzt wieder der Verkäufer, man achte auf die Formulierung:

„Ja, sehr gern. Ich kann den Anzug kurze Zeit reservieren. Darf ich Ihnen eine etwas persönliche Frage stellen?“ (Unvergleichlicher Tonfall…)

„Natürlich."
„Kann es sein, dass der Anzug Ihnen sehr gut gefällt, aber dass wir uns in der Preisklasse etwas zu hoch bewegen?"
Der Kunde holt tief Luft…
„Ich gebe zu, er gefällt mir, aber er ist mir doch auch etwas zu teuer." Und jetzt wieder der Verkäufer:
„Würden Sie mir eventuell noch eine Chance geben?"
„Was meinen Sie damit?"
„Ich zeige Ihnen einen ähnlich schicken Anzug, allerdings im Preis günstiger!"

Und da „outet" sich der Kunde:

„Jetzt muss ich Ihnen etwas sagen. Ich bin Verkaufstrainer.
Wo haben Sie verkaufen gelernt?"

Und dann unterhielten beide sich 15 Minuten über Verkaufen.
Er behielt seinen Anzug, der Kunde sein Geld, aber so schnell getraut er sich da nicht mehr rein…

Der Verkäufer war ja sensationell gut, der war ja Spitze!
Abwerben!!!

Der hat den Kunden schon so weit gebracht, dass er in der Kabine im Geist schon zu seiner Frau sagte: „Man wird sich doch mal einen tollen Anzug gönnen dürfen!"

Für diesen Verkäufer war Verkaufen einfach Leidenschaft. Er hat sehr viele Stammkunden, seit über 25 Jahren. Ob der je in einem Verkaufstraining war? Oder besser: Ist das im Training erlernbar?

Im Baumarkt

Es gibt in Deutschland, in einer ziemlich unbekannten, gar nicht einmal so großen Stadt, genauer in Oberfranken, das sei noch verraten, einen Baumarkt, der zu einer Baumarkt-Kette gehört. Den Namen lassen wir mal weg. Geleitet wird dieser Baumarkt von einem Herrn, wir nennen ihn einfach Schreiner. Herr Schreiner rief eines Novembertages einen Verkaufstrainer an, ob er bereit sei, mit ihm und seinen Mitarbeiterinnen und Mitarbeitern ein Verkaufstraining durchzuführen, und zwar von Samstagnachmittag 17.00 Uhr bis Sonntagnachmittag, 17.00 Uhr. Der Trainer:

„Selbstverständlich, warum fragen Sie so dezidiert?“
„Ja, ich habe mit vier Trainern telefoniert, die haben alle gesagt, Samstagnachmittag bis Sonntagnachmittag stünden Sie leider nicht zur Verfügung.“
„Oh, dann habe ich ja fast schon den Auftrag!“
„Wenn wir uns einig werden, schon möglich, warum nicht?!“

Man wurde sich einig. Auf der Fahrt zu diesem entlegenen Ort kam dem Trainer der Gedanke, dass der Kunde seinen Mitarbeitern tatsächlich allerhand zumutet, und er war auf Mitarbeiter gefasst, die ganz schön demotiviert, aber doch bereit waren, sich ein aufgezwungenes Training am Wochenende „reinzuziehen“.

Und was findet er vor?

Freundliche Damen und Herren:

„Sind Sie der Trainer? Herr Schreiner hat uns schon von Ihnen erzählt, wir sind ganz gespannt. Möchten Sie auch einen Kaffee?“

Den nahm er gern und kam in einen sehr netten Small Talk. Und dann kam Herrn Schreiner, man ging in den Seminarraum des Hotels, in dem das alles stattfand, und der Trainer fragte Herrn

Schreiner, ob er nicht zu Beginn ein paar freundliche und milde Worte sprechen wollte zur Begrüßung. Und Herr Schreiner wollte:

„Ja, liebe Mitarbeiterinnen und Mitarbeiter, Ihr hört, der Trainer möchte, dass ich ein paar Begrüßungsworte sage, das will ich gern tun. Wir machen ja alle 2 Jahre eine solche Veranstaltung. Heute Abend ist alles vorbereitet für unser gemeinsames Essen und eine Überraschung. Machen Sie einfach mit bei diesem Training, genießt es, Herr M. soll sich gefälligst anstrengen, teuer genug ist er ja!" (Das sagte er tatsächlich!)

Und jetzt sprach Herr Schreiner noch die erste Dame links an mit den Worten:

„Liebe Christa, ich freue mich sehr, dass Sie auch dabei sind, jetzt gehören Sie schon 3 Jahre zu unserem Team, und es ist schön, wie Sie sich einsetzen." Und dann sprach er den nächsten an: Lieber Uli, auch Sie sind dabei, herzlichen Dank! Sie sind auch jetzt schon einige Jahre bei uns, und in Ihrer Abteilung ist ja ganz schön Dampf. Übrigens hatten wir heute einen guten Umsatz, super, auch dafür ein Danke!"

Und jetzt dachte der Trainer, Herr Schreiner würde höchstens noch den Dritten in der Runde ansprechen und dann sagen, „O.k, ich meine Sie natürlich alle!" Nix da. Dieser Herr Schreiner sprach von den vierzehn Damen und Herren jeden persönlich mit Vornamen an, im Übrigen siezte man sich und es entbehrte nicht einer gewissen Rührung, und es war ganz still. Alle wollten jetzt hören, was Herr Schreiner jedem Einzelnen an persönlichen Worten sagte. Und es wurde etwas klar: Der gute Herr Schreiner liebte offensichtlich seine Mitarbeiterinnen und Mitarbeiter und die liebten ihren Chef, das war einzigartig. Jetzt konnte der Trainer sich auch die gute Laune erklären bei seinem Eintreffen.
So was gibt es? O.K., sicher nicht überall, und vielleicht auch nicht ganz so oft. Aber auch gar nicht so selten…

Es wurde dann ein wunderschöner Trainingstag (und ein sehr schönen Abend), sogar mit Video-Rollenspielen, in denen der Trainer den Verkäufer spielte, nicht umgekehrt. Also man hatte viel Spaß. Und jetzt kommt etwas Besonderes: Man erlebte in diesem Baumarkt, dass jedem Kunden, der bedient wurde – es gibt auch viele Kunden, die nicht bedient werden, die nehmen sich z. B. eine Bohrmaschine, gehen zur Kasse, zahlen und sind weg – aber jedem Kunden, der bedient wurde, wurde beim Verabschieden noch gesagt:

„Übrigens, bevor Sie unseren Baumarkt verlassen, Sie sollten noch einmal in die Gartenabteilung gehen, wir verkaufen zur Zeit Terrakotta-Ware mit 50 % Nachlass. Die meisten Kunden folgten dem Rat. Und auf vielen Einkaufswagen war etwas aus der Terrakotta-Abteilung drauf. Das Allertollste aber war: Wenn ein Kunde auf seinem Wagen nichts aus dieser Abteilung auf seinem Wagen hatte, wurde er von der Kassiererin gefragt:

„Ach, hat man Ihnen gar nicht gesagt, dass wir zur Zeit Terrakotta-Ware mit 50 % Nachlass abgeben? Manche sagten: „Doch, wir haben nur nichts gefunden." Manche gingen tatsächlich noch mal zurück, um zu schauen. Und jede Woche werden die Kunden auf andere besondere Angebote hingewiesen. Dieser Baumarkt hat im Winter bei hohem Schnee und Eiseskälte Rasenmäher verkauft, man stelle sich das vor! Wie das geht?

„Übrigens, darf ich fragen, wie alt Ihr Rasenmäher ist?"
„Mein Rasenmäher??? Das fragen Sie jetzt im Winter??? Wieso wollen Sie das denn wissen?"
„Ja, wir bieten zur Zeit eine begrenzte Anzahl Marken-Rasenmäher an mit 30 %, und wenn in vielleicht 10, 12 Wochen der Frühling kommt, hätten Sie ein ganz neues Gerät, was meinen Sie?"
So mancher hat gekauft, nicht wenige.

Ein Letztes dazu: Herr Schreiner fragte eine Mitarbeiterin noch bei einer Gelegenheit im Seminar:

„Gisela, wir sind von allen unseren über 300 Baumärkten auf der Rangliste unter den ersten 30, vom Umsatz her in diesem Jahr. Schaffen wir es unter die ersten 10 in ein bis zwei Jahren, was meinen Sie?“ Und was meinte Gisela? „Ich glaub’, Chef, das schaffen wir!“

Mit solchen Ideen und Initiativen kann man tatsächlich unter die ersten zehn kommen, oder?

Und so etwas geht nur mit „Liebe“! (Und wenn die Wiederholung Ihnen, lieber Leser, auf den Nerv geht, es ist dennoch so. Viele versuchen es mit „Druck“ und Druck erzeugt immer Gegendruck, es wird einfach mühsamer.).

Jeder muss sich auch selbst „verkaufen“ können

Sogar in der Toilette, wenn Sie dem Autor bitte (vielleicht eher widerwillig) dorthin folgen wollen. In Autobahn-Raststätten ist es nicht immer vermeidbar, die Toilette aufzusuchen. Wie oft sind dort Menschen zu finden, die am Eingang sitzen, an einem kleinen Tisch, auf dem ein Teller steht. Auf dem Teller sind 50-Centstücke und Ein-Euro-Münzen, damit man gleich weiß, in welcher Münze hier Zahlung erwartet wird. Wofür eigentlich? In modernen Raststätten findet man diese Situation inzwischen weniger vor, da geht es durch eine Schranke, nachdem man vorher eine „Eintrittskarte“ gezogen hat für 50 Cent. In einer der noch nicht so modernen Toiletten-Anlagen erlebt der Autor, dass dort ein Mensch schwarzer Hautfarbe sitzt. Als er hereintritt, lächelt der Mann ihn an, steht auf und sagt einfach „Guten Tag!“ Er steht auf und sagt „Guten Tag!“ Und dann zeigt er lächelnd, zwei Schritte in die Richtung gehend, auf die richtige Tür. Als man zurückkommt, lächelt er wieder, sagt „Auf Wiedersehen und gute Fahrt!“

Und – erhält prompt einen Euro, den der Autor eigens aus dem Portemonnaie holt. Sie können den Autor für verrückt halten, aber man gab sich auch noch die Hand zum Abschied. Da haben sich zwei gefreut!

Wenn Sie sich diesen Smiley anschauen, ist das nicht nur ein Smiley. Wenn Sie den anschauen, spüren Sie etwas: Es geht von ihm Energie aus, er gibt Ihnen etwas, Sie empfangen etwas: **Energie**! Er stärkt Sie. Das ist einfach so.

Wenn Sie sich das Gegenteil ansehen, findet das Gegenteil statt: es kostet Kraft, hinzuschauen, es wird etwas von Ihnen abgezogen, es wird Ihnen etwas genommen: **Energie**!
„Soll ich jetzt den ganzen Tag grinsen?“ wird mancher schon fragen. Nein, sollen Sie nicht. Nur mal drüber nachdenken, dass so oder so Energie bewegt wird.

Den Kunden zur Tür begleiten, mal wieder Schuhgeschäft

Wo gibt es das noch? Man wird nach dem Kauf zur Tür gebracht und verabschiedet. Selten, aber es ist noch nicht ganz ausgestorben. Sogar ein Steuerberater bringt die Mandanten zum Ausgang, er geht nicht nur bis zur Treppe mit (sein Büro befindet sich im ersten Stock), nein, er geht mit nach unten und verabschiedet den Mandanten an der Haustür. Das macht er bei jedem Mandanten. Selbst wenn der sagt „Ich finde schon raus, schönen Dank!“ Er geht trotzdem mit. Alte Schule? Nee, der Mann ist jung! Es muss noch was Anderes geben als „alte Schule“: Einfach Wertschätzung dem Kunden gegenüber.

In Aachen hat einmal eine Dame einen Kunden bedient, der geschäftlich in Stolberg war und am Vortag angereist ist. Weil er festgestellt hatte, dass er ein Paar Schuhe zu Hause vergessen hatte, geht er in ein Eck-Geschäft, es regnete, es war vielleicht 18.00 Uhr, Geschäftsschluss war 18.30 Uhr.

Einige Mitarbeiter standen in einer Unterhaltung an der Kasse, es war kurz vor Feierabend.

„Bitteschön?"
„Ich suche Herrenschuhe."
„Gern, eine Etage höher, dann links, da ist unsere Herrenschuh-Abteilung."
„O.K."

Der Kunde geht nach oben in die Abteilung. Schuhe jede Menge, auch schöne Paare, wie er sie suchte. Jetzt dachte er sich: Wenn jemand kommt und mich bedient, dann kaufe ich, wenn niemand kommt, dann lasse ich es. Dann hat das Geschäft mein Geld nicht verdient. Es kam leider niemand. Unten sagte der Kunde: „Auf Wiedersehen!" Sein Abschiedsgruß wurde freundlich erwidert.

Dann geht er in das nächste Geschäft, vorher an einem Kaufhaus vorbei, draußen an einem Verkaufsstand eines Kaufhauses einen Verkäufer fragend, wo in der Nähe ein Schuhgeschäft sei. „Etwa 50 Meter weiter, da ist Salamander! Das Kaufhaus selbst hatte sicher auch eine große Schuh-Abteilung, aber woher sollte das dieser Mitarbeiter wissen...? Er schickt den Kunden zum Mitbewerber, schön. Und dort?

„Herrenschuhe?" – „Gern, geradeaus, rechts, da finden Sie Herrenschuhe!" Der Kunde geht an die Regale, ein anderer Herr schaut auch, dabei steht eine Verkäuferin, die Arme verschränkt, den Herrn beobachtend, durchaus dienstbereit. Sie sieht den neuen Kunden: „Guten Tag." – „Guten Tag." –

Bitteschön?“ „Ich suche ein Paar Herrenschuhe.“ Ein dritter Herr, etwas entfernt, ruft: „Fräulein, könnten Sie mir eben kurz helfen?“ Und sofort geht sie dem Herrn helfen. Hätte sie jetzt noch schnell zu dem Kunden gesagt: „Entschuldigung, darf ich dem Herrn kurz helfen, ich bin gleich wieder bei Ihnen.“ Nichts davon. Der Kunde überlegt sich, ob der Laden sein Geld wirklich verdient hätte. Es wurde auch nichts.

Letzte Chance, in Aachen gibt es offenbar viele Schuhgeschäfte. Der Kunde tritt ein.

„Guten Tag, bitte sehr?“
„Ich suche Herrenschuhe.“
„Gern, eine Treppe hoch, Sie werden erwartet!“
„Wie bitte???“
„Ich meine damit, oben ist jemand, der Sie gern bedient!“
Und lacht. Der Kunde auch. Und tatsächlich, oben empfängt ihn eine Dame in den besten Jahren.
„Bitte sehr, der Herr, was kann ich für Sie tun?“
„Herrenschuhe suche ich.“
„Darf ich fragen, zu was dürfen sie passen, an welche Farbe denken Sie?“
„Ich dachte an Dunkelbraun.“
„Gern. Da finden wir sicher ein passendes Paar.
Und in welcher Größe?“
„10-einhalb“

Hier wusste der Kunde sofort, dass er kaufen würde. Das passende Paar fand sich. Und jetzt kommt es. Die Dame ging mit dem Kunden nach unten zur Kasse. Es gab aber auch einen kleinen Paketaufzug, man sah, dass einem Kunden von einem freundlichen Verkäufer gesagt wurde: „Die Schuhe gebe ich nach unten, wenn Sie bitte dort zur Kasse gehen möchten zum Bezahlen, das wäre sehr nett! Ich darf mich dann schon hier verabschieden?“

Die Dame ging also mit dem Kunden zur Kasse und sagte zur Kassiererin:
„Geben Sie mir bitte die farblose Schuhcreme dort? Damit der Herr gleich das richtige Schuhpflegemittel mitnehmen kann."

Der Kunde ahnte, die Creme würde er auch bezahlen müssen. Und dann brachte ihn die Dame zur Tür mit den Worten: „Schön, dass Sie bei uns eingekauft haben, ich würde mich freuen, wenn Sie gelegentlich wieder kämen."

„Sagen Sie, sind Sie die Chefin des Hauses?"
„Oh ja, seit 24 Jahren! Nächstes Jahr haben wir 25jähriges Jubiläum!"

Ob diese Dame je in einem Verkaufstraining gewesen ist?

Beim Raumausstatter

Mit seiner Frau geht ein Kunde in das Geschäft eines Raumausstatters. Sie wollten ihre Polstergarnitur neu beziehen lassen, zum vierten Male übrigens, man hatte sie schon über 30 Jahre, und man konnte und wollte sich von der Garnitur nicht trennen, so was soll es ja geben. Das Geschäft wird von 3 Frauen geleitet, eine ist Polstermeisterin, kein leichter Beruf. Um es kurz zu machen, man wurde handelseinig, die drei Damen nahmen die Garnitur mit. Als der Kunde sich anbot, mit anzufassen, wurde deutlich abgelehnt: „Das schaffen wir, vielen Dank!" Respekt! Nebenbei: Der Kunde fragte, ob man eine Anzahlung wolle. Verlegenes Schweigen. „Nein. Anzahlungen nehmen wir eigentlich nicht." – „Und wenn ich Ihnen 50 Prozent aufdrängen würde?" Verlegenheit, Lächeln – „Ja gut, dann würden wir das schon nehmen." Immerhin muss der Stoff gekauft und bezahlt werden, Löhne fallen an, also ein paar Vorleistungen sind schon zu erbringen.

Man nimmt seither, wo es geht, jetzt Anzahlungen. Man fragt einfach: „Die Anzahlung von 30 Prozent, zahlen Sie die bar oder per Scheck?“ Es geht nicht immer, aber immer öfter…

Aber jetzt:

Als die Polstergarnitur geliefert wird, wieder von den drei Damen, es war angekündigt, brachten die die Rechnung gleich mit. Das ist schon mal nicht unklug. Es gibt nämlich Handwerksbetriebe, die schicken die Rechnung erst vier Wochen später. Der Kunde zahlt weitere vier Wochen später, aber das Handwerk klagt über schlechte Zahlungsmoral…

Beim Gehen, und das ist das schönste Erlebnis, sagte die Meisterin zum Kunden – wirklich, beim Gehen, nach dem Abschied – „Herr Kunde, das nächste ist wohl dieser Sessel hier!“ – „Wie meinen Sie das?“ – „Man sieht, dass Sie Katzen haben, und dieser schöne Sessel hätte eine Aufarbeitung wirklich verdient!“

Wenn diese tolle Frau nicht diese verkäuferische Bemerkung gemacht hätte, wäre der Sessel heute noch nicht aufgearbeitet. Die Kunden hätten vielleicht eine Decke darauf gelegt, wenn Besucher gekommen wären.

Das nenne ich verkaufen! Die riefen sogar drei Monate später bei seiner Frau an: „Wir hätten im Moment etwas Kapazität frei, Sie wollten doch den Sessel eventuell mal aufarbeiten lassen? Ich würde gern mal kommen, um Ihnen schöne Stoffmuster zu zeigen.“ Das getrauen die sich! Der Einwand manchen Lesers ist schon zu hören: „Ich kann doch nicht Kunden anrufen, wenn ich Kapazität frei habe und nach Aufträgen fragen!“ Ei ja, dann lasse er es halt! Diese Raumausstatterin hat es gemacht und – es hat geklappt!

Kreditverkauf bei Banken und Sparkassen

Vor einer Reihe von Jahren – das Haus ist inzwischen bezahlt – wollte ein Kunde einen Kredit von einer Bank haben, deren Immobilienabteilung ihm das Haus auch verkauft hat. Dass dies einige Jahre her ist, soll erwähnt sein, um zu zeigen, dass so etwas lange im Gedächtnis bleibt.

Also der Kunde trug dem Kreditsachbearbeiter (müsste der nicht „Kreditverkäufer" heißen?) sein Anliegen vor. Der hatte einen grauen Anzug an, ein graues Hemd, eine blasse Krawatte und eine randlose Brille – dürfen wir ihn den typischen Kreditsachbearbeiter nennen? Man verzeihe. Und die Kunden waren keine Finanzierungs-Experten.

„Ja, wir hätten gern das Haus finanziert, wir dachten zunächst an fünf tilgungsfreie Jahre, wie wären denn da die Konditionen bei fünf und alternativ bei zehn Jahren?"

„Da müssten wir vorher erst mal ein sehr strenges Gespräch führen!"

Der Kunde vergisst diese Formulierung nicht, weil in seiner Region das „s" bei streng auch so gesprochen wird, und nicht wie bei uns „schtreng".

Man glaube es, der Kunde und seine Frau waren sehr angespannt, auch ein wenig ängstlich, wie oft kauft und finanziert man schließlich ein Haus? Es ging für beide um sehr viel. Und dann: „Da müssen wir ein sehr s-strenges Gespräch führen!" Das Gespräch wurde nichts, die Kunden waren ziemlich geschockt, dachten an Verhör, hatten keine Kohle, und wollten ein ordentliches Haus, noch in langfristig vermietetem Zustand, mit Gewerbeteil, erwerben. Sie fühlten sich miserabel. Und der Blick: ‚Ihr wollt einen Kredit? Habt Ihr Euch das überlegt? So leicht ist das nicht! Das will genau geprüft werden! Da könnte jeder kommen!' Nun, das haben die Kunden natürlich in diesen Blick in dieser Situation hineininterpretiert. Am Ende haben sie dem guten Mann vielleicht auch Unrecht getan, wer weiß?

Jedenfalls wurde nichts aus dem Kreditgeschäft.

Aber rechnen wir mal mit runden Zahlen: damals waren es noch D-Mark. 400.000,-- mal (damals) 8 Prozent, 5 Jahre tilgungsfrei, macht einen Zinsumsatz von jährlich DM 32.000,--, mal 5 Jahre, macht DM 160.000,-- Zinsumsatz. Der Kreditsachbearbeiter hat mit seinem Vorgehen, es mag unglücklich, unprofessionell, wie auch immer gewesen sein, er hat diesen Zinsumsatz verhindert!!! Vielleicht war es nicht sein Tag, kann alles sein, vielleicht auch war es nicht der Tag des Kunden, jedenfalls hat diese Bank den Zinsumsatz nicht gemacht, er wurde verhindert. Alle möglichen Anschlussfinanzierungen auch!

Die Kunden gingen zu einer anderen Bank, die Geschichte ist real. Gleiches Anliegen. Summe, fünf Jahre tilgungsfrei. Der Banker:

„Da möchten Sie sicher eine günstige Finanzierung, die Sie nicht überfordert, daher erst mal tilgungsfrei, oder?"
Schlagartig fühlten die Kunden sich wohl und verstanden. Die Ehefrau zu ihrem Mann: „Das sieht aber schon ganz anders aus!" Der Mann ging auf das Anliegen des Kunden und auf ihn persönlich ein. (Was genau die Technik ist, dazu später).

„Ja, so ist es."
„Ich sehe, Sie haben einige Unterlagen dabei?"
„Ja bitte, hier."
„Ah ja, danke."

Er blättert die Unterlagen durch. Dann sagt er:

„Möchten Sie vielleicht einen Kaffee? Ich würde Sie gern mal etwa 10 Minuten allein lassen, die Unterlagen darf ich vielleicht zur weiteren Einsicht kurz mitnehmen? Jedenfalls sieht es dem ersten Überblick nach schon sehr vorbereitet aus.

Kurz gesagt. Das Ehepaar ist seither Kunde dieser Bank, sie kennen, so lange das auch her ist, heute noch den Namen des professionellen Kreditverkäufers, der längst nicht mehr in dieser Filiale ist, sondern sich weiter entwickelt hat. Auch der Kredit lief mit dieser Bank bis zur letzten Rate, man rechne lieber nicht aus, was das für diese Bank für einen Zinsumsatz bedeutet hat.

Auch Banken müssen viel mehr über das Verkaufen nachdenken und vor allem zum verkäuferischen Handeln kommen. Wir leben in ganz modernen Zeiten, und trotzdem werden Kunden oft noch behandelt wie Bittsteller und nicht wie Partner. Man darf gar nicht daran denken, wie wenig die Banken über die eigentliche Persönlichkeit ihrer Kunden wissen. Nur zahlenmäßig sind sie durchleuchtet. Ein Umdenken ist in Ansätzen erkennbar. Es ist noch viel zu tun! Jede Bank kann sich entwickeln von einer guten Bank zu einer herausragenden Bank! Auch hier gilt:

Nur das Zur-Verfügung-stellen von Bankdienstleistungen hat mit Verkaufen nichts zu tun!

Dass eine Bank natürlich seriöse Produkte und/oder Kredite zu verkaufen hat, davon sollte man ausgehen. Allerdings: Die Bankenkrise zeigt sehr deutlich, dass die Seriosität hier sehr oft auf der Strecke geblieben ist. Da wurden eher die Kunden regelrecht über den Tisch gezogen. Viele Mitarbeiterinnen und Mitarbeiter von Banken hatten beim Anbieten unseriöser Produkte regelrecht Bauchschmerzen. Auf sie wurde allerdings ein solcher Druck ausgeübt, Produkte zu verkaufen, hinter denen sie nicht mit

Überzeugung standen und stehen konnten, dass es zu diesen unglaublichen Verwerfungen kommen musste. Auf der Strecke blieben die gutgläubigen Kunden mit ihrem Schaden.

Eine ganz kleine Anregung nur zu einem kleinen Kriterium: in einem Geschäftsbericht einer ländlichen Bank findet sich kein einziges Foto, auf dem Mitarbeiter im Kundengespräch abgebildet waren. Alle Fotos waren von Agenturen gekauft. Volkswirtschaftlicher statistischer Trockenkram darin, den kein Mensch liest. Über die eigenen Kunden und Mitarbeiter nichts. Ein trockenes Vorwort vom Vorstand, ein ebensolches förmliches vom Aufsichtsrat, alles kühl und blutleer. In einem anderen Geschäftsbericht, ebenfalls eine ländliche Bank, genau das Gegenteil: freundliche Vorworte, viele Fotos von Mitarbeiterinnen und Mitarbeitern in Aktion, 6 Kundenfirmen werden vorgestellt mit ihren Storys, den Auszubildenden wurde viel Platz eingeräumt, die Kunden wurden immer wieder angesprochen, es hat Freude gemacht, diesen Geschäftsbericht zu lesen, spannend! Es geht doch!

Kürzlich ruft ein Geschäftsstellenleiter einer Bank einen Kunden an, mit dem er noch nie zu tun hatte, weil neu in der Bank, aus der näheren Umgebung. Er würde gern einmal persönlich zu einem Kennenlerngespräch kommen, ob er vorbeikommen dürfe. Er kam, ein sehr nettes, gutes Gespräch. Der Kunde fragte, wie er auf ihn käme. Man wolle mehr und mehr Kunden und Interessenten persönlich besuchen, das sei eine Vorgehensweise, die man sich auf die Fahnen geschrieben habe und die sehr gut ankäme.

Dankeschön-Kärtchen

Seit einiger Zeit hat ein Bekannter Dankeschön-Kärtchen drucken lassen, er hat sie immer bei sich und übergibt oft eine, wenn er z. B. gut bedient worden ist. Jede dann auch persönlich unterschrieben mit Vor- und Zuname.

Der Text lautet:

Herzlichen Dank!

Sie haben mich aufmerksam
und freundlich bedient!
Siegfried W. Kartmann
www.kartmann-seminare.de
kartmann@iworld.de

Und die Rückseite lautet:

Es gehört eine besondere Einstellung dazu, Kunden oder Gäste stets anzulächeln und freundlich-aufmerksam zu bedienen. Vorgesetzte können viel dazu beitragen, indem sie mit ihren Mitarbeitern ebenso freundlich-aufmerksam umgehen. Mitarbeiter sind nicht „Personal“, Mitarbeiter sind Menschen, jeder mit seiner Biografie, mit Freud’ und Leid im Leben.

Praktizierte Wertschätzung ist elementar wichtig!

www.kartmann-seminare.de

Die Erfahrung damit? Bis zu Tränen gerührte Damen und Herren Verkäufer und/oder Kellner. „Das ist aber nett, das habe ich ja noch nie erlebt. Darf ich die behalten?“ Solche Reaktionen sind die Regel, und jedes Mal ist auch der Bekannte selbst derjenige, der hoch motiviert weitergeht. Viele kennen diese Karte jetzt von ihm. Viele finden die Idee super. Vorschlag: sich selbst solche Kärtchen drucken lassen. Warum nicht auch ein Kärtchen mit dem Text:

„Ich wollte Ihnen schon längst einmal sagen, dass ich mit Ihnen sehr gern zusammenarbeite.“ Und Unterschrift, auf der Rückseite gern noch weiteres Freundliches. Auch so kann man die Welt ein wenig verbessern, finden Sie nicht?

An der Eingangstür eines Geschäftes, über dem Türgriff, findet sich ein hübsches Schildchen: „Schön, dass Sie gekommen sind!" Wenn jemand geht, liest er: „Schön, dass Sie da waren!" Gute Idee. Selber drucken lassen! Kommt gut an!

Bei dieser Gelegenheit lassen Sie sich kurz zu einer anderen Frage einladen:

Wie sind eigentlich die Kunden?

Eine einfache Frage. Wie sind eigentlich die Kunden so?
Nehmen Sie nur diese einfache Frage.

In einem Hotel in Berlin, es war ein Seminar für Mitarbeiter im Service dieses Hotels, das auch über ein ordentliches Restaurant verfügte. Im Verlauf kam der Trainer mit einem 27-jährigen Kellner ins Gespräch. Seine Frage an ihn war: „Wie sind eigentlich so die Gäste? Welche Erfahrungen haben Sie da?" Die Antwort, die er erwartet habe, war etwa: Total unterschiedlich! Wissen Sie, die Gäste sind einfach unterschiedlich, jeder ist anders. Von freundlich, erwartungsfroh aufgeschlossen bis verschlossen, abweisend, ja stinkstiefelig! Die Gäste sind so verschieden, so unterschiedlich wie die Menschen!

Zur tatsächlichen Antwort gleich. Lassen Sie sich vorher auf folgende kleine Einschätzungsübung ein:

Übung **„Erfahrungen mit Kunden heute"**

Überprüfen Sie bitte die folgenden 8 Behauptungen über „Kunden in unserer Zeit" im Hinblick darauf, inwieweit sie auch Ihrer Erfahrung entsprechen

		Stimmt									stimmt nicht
1.	Der heutige Kunde ist durch Medien- und Werbungsbeeinflussung stark geprägt und ziemlich „vorprogrammiert“.	1	2	3	4	5	6	7	8	9	10
2.	Der heutige Kunde will nicht groß bedient/beraten werden, sondern interessiert sich nur für Zahlen, Daten, Fakten.	1	2	3	4	5	6	7	8	9	10
3.	Der heutige Kunde ist stark sachorientiert und legt auf persönliche Beziehungen sowie „Emotionales“ keinen gesteigerten Wert.	1	2	3	4	5	6	7	8	9	10
4.	Der heutige Kunde hat kaum noch Zeit und Geduld, alles muss möglichst schnell gehen.	1	2	3	4	5	6	7	8	9	10
5.	Der heutige Kunde ist misstrauisch und glaubt, er könne alles irgendwie auch billiger erhalten. Er glaubt meist, man versuche doch, ihn zu übervorteilen.	1	2	3	4	5	6	7	8	9	10
6.	Der Kunde verlangt heute oft unentgeltlichen Service, macht sich aber kaum Gedanken, dass der auch etwas kostet.	1	2	3	4	5	6	7	8	9	10
7.	Der heutige Kunde ist bei Reklamationen zunehmend egoistisch und verständnislos und reklamiert mitunter unberechtigte Sachen.	1	2	3	4	5	6	7	8	9	10
8.	Der heutige Kunde kann und will sich in Mitarbeiter einer Firma nicht hineinversetzen und denkt eher negativ über sie.	1	2	3	4	5	6	7	8	9	10
9.	Der heutige Kunde ist stark auf seine Vorteile bedacht und schreckt auch vor „Schwindeleien“ immer weniger zurück.	1	2	3	4	5	6	7	8	9	10

Wenn Sie diese Einschätzung gemacht haben, erhalten Sie die gleichen Kriterien hier nochmals, dieses Mal sollen Sie einschätzen, inwieweit die Thesen auf Sie selbst zutreffen.

„Wie bin ich als Kunde?"

		stimmt stimmt nicht
1.	Ich bin heute durch Medien- und Werbebeeinflussung stark geprägt und ziemlich „vorprogrammiert".	1 2 3 4 5 6 7 8 9 10
2.	Ich will heute nicht groß bedient/beraten werden, sondern interessiere mich nur noch für Zahlen, Daten, Fakten.	1 2 3 4 5 6 7 8 9 10
3.	Ich bin heute stark sachorientiert und lege auf persönliche Beziehungen sowie „Emotionales" keinen gesteigerten Wert.	1 2 3 4 5 6 7 8 9 10
4.	Ich habe heute kaum noch Zeit und Geduld, alles muss möglichst schnell gehen.	1 2 3 4 5 6 7 8 9 10
5.	Ich bin heute misstrauisch und glaube, ich könne alles irgendwie auch billiger erhalten. Meist versucht man doch, mich zu übervorteilen.	1 2 3 4 5 6 7 8 9 10
6.	Ich verlange heute oft zu viel unentgeltlichen Service, mache mir aber kaum Gedanken, dass der auch etwas kostet.	1 2 3 4 5 6 7 8 9 10
7.	Ich bin heute bei Reklamationen zunehmend egoistisch und verständnislos und reklamiere mitunter unberechtigte Sachen.	1 2 3 4 5 6 7 8 9 10

8. Ich kann und will mich heute in Mitarbeiter einer Firma nicht hineinversetzen und denke eher negativ über sie. 1 2 3 4 5 6 7 8 9 10

9. Ich bin heute stark auf meine Vorteile bedacht und schrecke auch vor „Schwindeleien“ immer weniger zurück. 1 2 3 4 5 6 7 8 9 10

Summe 1. Durchgang: ______ Summe 2. Durchgang:_______Differenz:_______

Und jetzt addieren Sie die angekreuzten Ziffern des ersten Teiles, dann des 2. Teiles. Prüfen Sie, ob eine Differenz vorhanden ist. Meist liegt die Differenz bei über 15 Punkten. Sie können jetzt noch nachsehen, wo Sie die größten Differenzen haben.

Was bedeutet dies? Wir haben nicht selten ein bestimmtes Bild des typischen Kunden vor Augen. Natürlich entspricht dies auch unseren Erfahrungen, die wir im Lauf des Lebens mit Kunden gemacht haben. Sie erinnern sich bestimmt jetzt an die ähnliche Übung, die wir gemacht haben mit Vorgesetzten, die ihre Mitarbeitern beurteilt haben.

Und dann kennen wir uns ja selbst. Viele Verhaltensweisen und Eigenschaften, die wir leicht anderen unterstellen, finden wir bei uns nicht! Es ist also Vorsicht geboten. Sind die Kunden wirklich so anders als wir selbst?

Und jetzt zurück zu dem Kellner, 27 Jahre alt. Auf die Frage: Wie sind eigentlich so die Gäste, welche Erfahrungen haben Sie da?“ Die Antwort, für die der Trainer diesem jungen Mann heute noch dankbar ist, lautete: **„Ach wissen, Sie, ich mache mir immer nette Gäste!“** Eine so einfache wie kluge, ja philosophische Antwort! Natürlich kann man immer denken und sagen: Die Menschen, die Kunden, die Gäste, die Nachbarn, die Mitarbeiter, die Vorgesetzten, die Manager sind total unterschiedlich!

Das stimmt. Aber welche gewaltige Einsicht und Herausforderung es bedeutet, zu sagen: Ich mache mir nette, freundliche, aufgeschlossene, humorvolle Menschen, das ist enorm!
Wie sind eigentlich die Kunden so?
Ach, ich mache mir immer nette Kunden!
Wie sind eigentlich die Mitarbeiter so?
Ach, ich mache mir immer nette Mitarbeiter! Oder freundliche! Oder engagierte! Oder begeisterungsfähige!
Lässt sich das tatsächlich auf alle anwenden?
Wie sind so die Nachbarn?
Ach, ich mache mir immer nette Nachbarn. Oder hilfsbereite.
Wie sind Deine Kinder eigentlich so?
Ach, ich mache mir meine Kinder frei, strebsam, freundlich, interessiert, etc.
Wie sind die Vorgesetzten eigentlich so?
Ach, ich mache mir...Vorgesetzte.

In der Tat, das ist eine gewaltige Lebensaufgabe! **Der Schlüssel liegt bei jedem von uns persönlich. Man kann nur sich selbst wirklich ändern! Ändert man sich, ändert sich alles um einen herum!** „Ja, aber, wenn der andere wirklich ein Stinkstiefel ist?" Dann ist dies zunächst Ihr persönliches Urteil. Für viele andere Menschen ist er vielleicht gar kein Stinkstiefel!

Von dem guten Kellner ist einiges für das Leben zu lernen. Wie sind Seminarteilnehmer eigentlich so? Im Allgemeinen? „Ach, ich mache mir immer interessante Seminarteilnehmer!" Indem der **Trainer an sich arbeitet!**

Im Kaufhaus: Dass man das erleben darf...

In einem Kaufhaus in Köln geht ein Kunde in die Haushaltswaren-Abteilung. Das hatte eine Vorgeschichte. Vor fast 40 Jahren hat der Kunde geheiratet und erhielt als Geschenk ein 6-teiliges

Silber-Besteckservice, Messer, Gabel, Löffel, Kuchengabel und Teelöffel. Nach 35 Jahren Ehe fragte er seine Frau, nachdem er in einer Kommode den Kasten sah: „Du, wann wollen wir eigentlich mal unser Silberbesteck benutzen?“ Das Thema amüsierte beide doch ziemlich. Nie benutzt. Dann haben sie spontan beschlossen, damit zu beginnen und es fiel ihnen nach einiger Zeit auf, dass 8 Besteckgarnituren doch besser seien als nur 6. Sie werden manuell geputzt, kommen also nicht in den Geschirrspüler. Also haben sie einen Nachkauf überlegt.

In der Haushaltswarenabteilung also wurde der Kunde freundlich angesprochen:

„Bitte sehr, was kann ich für Sie tun?“
„Ja, ich suche Silberbestecke. Führen Sie Cristofle?“
„Oh, gerade die führen wir leider nicht, aber wir haben sehr schöne Bestecke von Robbe & Berking!“
„Das ist schade, es handelt sich nämlich um einen Ergänzungskauf, 6 haben wir, es sollen 8 Besteckgarnituren sein, da müsste es schon dasselbe Fabrikat sein. Na ja, macht nichts, war nur eine Frage.“
„Das tut mir aber jetzt wirklich leid!“
„O.K., vielen Dank jedenfalls! Auf Wiedersehen!“

Der Kunde ging. Und jetzt kommt es: Die Verkäuferin kommt ihm nach und sagt:

„Ich hätte vielleicht eine Idee!“
„Ach ja?“
„Was hielten Sie davon, vielleicht eine komplette Sechser-Garnituren von R & B zu nehmen, dann hätten Sie jeweils 6 schöne Garnituren zum Wechseln, wäre das nicht eine Möglichkeit? R & B ist auch eine Preisklasse günstiger, aber auch Vollsilber!“

Liebe Leser, ist das zu fassen? Die Verkäuferin gibt keine Ruhe, sie versucht es trotz der fast aussichtslosen Situation, den Umsatz zu retten!

„Das ist eine gute Idee, aber in diesem Falle möchten wir doch lieber nur ergänzen, da bitte ich Sie um Verständnis."
„Sagen Sie, haben Sie zufällig eine Visitenkarte?"
„Warum?"
„Ich weiß, dass unser Unternehmen eine Tochtergesellschaft in Frankreich hat, und die führen Cristofle. Wenn es Ihnen nicht eilt, würde ich Ihnen ein Mail schicken, ob ich die Bestecke von dort besorgen kann. Kennen Sie die genaue Bezeichnung Ihrer Garnitur?"

Es ist einfach nicht zu fassen. Und es ist eine Tatsache, die Bestecke wurden von dort besorgt. Diese Verkäuferin, da kann man wieder nur sagen: Abwerben! Hier kann man sprechen von der hohen Kunst des Verkaufens. Sensationell! Aber das gibt es halt. Nur, wir brauchen von solchen engagierten Verkäuferinnen und Verkäufern mehr! Und wir brauchen Geschäftsinhaber, die erkennen, welches Potenzial in ihren Mitarbeiterinnen und Mitarbeitern steckt. Verkaufen kann einen solchen Spaß machen! Aber den Kunden nur beim Einkaufen behilflich sein? Das hat mit Verkaufen nichts zu tun. Zum wiederholten Male.

Autohaus I

Übrigens wollte ein Kunde vor vielen Jahren, das heißt, er wollte eigentlich nicht, aber sein Sohn wollte, nachdem er den Führerschein gemacht hatte, einen kleinen PKW für sich haben. Da nimmt man den Vater schon mal mit, oder? Es könnte ja nützlich sein. Beide fahren zu einem Auto-Händler, betreten die Halle und konnten sehen, dass zwischen der großen Verkaufshalle und den Büroräumen eine Panorama-Scheibe in der Wand war, damit man vom Büro aus jederzeit sehen konnte, wenn jemand kam. Hinter der Scheibe, vom Verkaufsraum aus deutlich sichtbar, 4 Herren, die sich, stehend, angeregt unterhielten. Ist auch o.k.

Vater und Sohn schauten sich verschiedene Autos an und dachten, jemand käme, um nach den Wünschen zu fragen. Nach einiger Zeit sagte der Vater zu seinem Sohn: „Wir setzen uns jetzt mal in drei Autos nacheinander rein, schlagen die Tür kräftig zu, bewegen uns in den Autos, machen prüfende „Anstalten", so dass man wirklich auf die Idee kommen könnte, ja sogar müsste, dass da jemand echt interessiert sein könnte."

Niemand reagiert. Es kommt niemand! Ja, hätten die es verdient, dass Vater und Sohn dort ein Auto kauften? Klar, beide hätten nach vorn gehen können: „Kann uns jemand helfen? Wir suchen einen Kleinwagen!" Mit Sicherheit wäre ihnen geholfen worden. Man sollte auch nicht päpstlicher sein als der Papst, aber ist es tatsächlich zu viel verlangt, Interessenten oder Kunden, wenn sie schon mal ins Haus freiwillig reinkommen, spontan und sofort anzusprechen? Was kann es in einer solchen Situation Wichtigeres geben? Hier stimmt etwas nicht mit dem Verkaufs-Instinkt!

Also fuhr man in die Nachbarstadt. Dort genau das Gleiche – mit einem Unterschied: beide wurden bemerkt, ein Verkäufer kommt auf sie zu, lächelt, sieht den Vater an, sieht seinen Sohn an und fragt: „Darf man hier jemandem zum Führerschein gratulieren?" Was heißt das: sensationell! Abwerben! Es kam zum Geschäft, insgesamt in den letzten 20 Jahren kaufte der Kunde dort 3 Autos, und der Mann hat diesen Kunden betreut. Er ist inzwischen im Ruhestand, Abwerbeversuche zwecklos.

Wer dem Kunden nur

beim Einkaufen

behilflich sein will,

ist zweifellos (und hoffentlich)

lieb und sympathisch –

Aber das hat mit VERKAUFEN

noch nichts zu tun!

Autohaus II

In einem anderen Autohaus kaufte ein Kunde mal ein Auto, nein, kaufte er nicht! Er wollte. Und auch diese Geschichte stimmt. Der Kunde wollte sein eigenes Auto, das inzwischen 180000 km drauf hatte, (gekauft mit 98000 km), in Zahlung geben. Darauf der Verkäufer: „Wenn Sie es selbst versuchen, auf dem freien Markt anzubieten, vielleicht über eine Kleinanzeige, könnten Sie eventuell mehr erlösen!“ Dem Kunden war klar, die Lust, das Auto in Zahlung zu nehmen, war gering, obwohl es das eigene Fabrikat des Autohauses war. „Ich würde es doch lieber in Zahlung geben, ich kann keine Autos verkaufen.“ – „Dann müsste allerdings unser Meister mit dem Auto noch mal ein Stückchen fahren.“ – „Gern, hier ist der Schlüssel.“ Der Meister kam nach einiger Zeit zurück und übergab dem Kunden den Schlüssel mit den Worten: „Wie sind Sie denn noch mit dem Auto bis hierher gekommen?“
Da war das Ding gelaufen. Die Frau des Kunden war dabei und man verabschiedete sich, tatsächlich verärgert. Der Wagen hatte den Kunden 80000 km nicht enttäuscht, der fuhr prima. Der Kunde ist meist nur lange Strecken unterwegs. Mit dieser Bemerkung, er mag sie gemeint haben wie er wollte, war das Geschäft kaputt. Kurze Zeit später bekam der Kunde einen Dienstwagen, war letztlich also froh, dass der Kauf gescheitert war. Der Verkäufer rief noch bei ihm zu Hause an, entschuldigte sich, es sei doch wirklich nicht so gemeint gewesen. Das Geschäft war nicht mehr zu retten.

Bei dem Autohaus gab es später einen Eigentümerwechsel. Und was der Kunde dort erlebte, war so etwas von positiv! Es geht! Es gibt aber diese Unterschiede in der Einstellung. Verkaufen ist eine sehr ernste Sache, die allerdings einen enormen Spaß machen kann. Was haben Sie, liebe Leser, nicht schon alles gekauft, nur weil die Verkäuferin oder der Verkäufer einfach gut drauf waren, und weil es Ihnen Spaß gemacht hat, gerade bei diesen Menschen zu kaufen.

Im Restaurant

Kürzlich war ein Gast mit seiner Frau ausgegangen zum Essen. Der Kellner: „Guten Abend, willkommen in unserem Haus! Einen schönen Platz für zwei Personen?“ – „Gern!“ – „Hier, bitte sehr!“ Er brachte kurze Zeit später die Karten. „Darf ich fragen, möchten Sie als Apéritif ein Gläschen Sekt, einen Kir oder vielleicht einen trockenen Sherry?“ Das fand der Gast schon wieder super. Viele fragen, genauso freundlich: „Möchten Sie einen Apéritif?“ Das ist schon ein Unterschied. Wenn Sie die erste Frage gestellt bekommen, stehen Sie vor einer Wahl und entscheiden sich meist für eine der Alternativen. Bei der zweiten Frage ist schnell mal gesagt: „Danke nein, vielen Dank!“ Und im Hinterkopf von sparsamen Menschen klingt der Satz: erst mal 8 Euro gespart...

Zwischendurch: „Sind Sie zufrieden, ist alles in Ordnung?“ Und nach dem Essen und etwas Warten: „Möchten Sie als Dessert einen Kaffee, einen Espresso oder eventuell ein Eis mit Weissenborn-Himbeeren, haben wir gerade frisch gemacht?“

Viele Kellner fragen: „Möchten Sie noch ein Dessert?“ und legen die Karte hin. Das reicht nicht. Verkaufen ist etwas Anderes. Ich höre schon wieder die Einwände! Man soll nicht übertreiben. Der Schuss kann auch nach hinten losgehen!

Denken Sie dran:

Zwischen nichts tun, wie bisher,

und übertreiben, wie noch nie,

ist die ganze schöne große

Palette von Möglichkeiten, den

Umsatz positiv zu beeinflussen!

Zwischen Inaktivität und

Aufdringlichkeit

liegen Welten des Probierens!

Wagen Sie mehr, wagen Sie das Äußerste: Beginnen Sie mit dem aktiven Verkaufen!

Im Hotel

Vor einiger Zeit hat ein Gast in einem Hotel in Süddeutschland etwas erlebt, was so selten gar nicht vorkommt: Als er sagte, dass ihm der Aufenthalt in dem Hotel sehr gut gefallen und alles bestens geklappt hätte, und dass er gewissermaßen begeistert gewesen sei, hat man sich sehr herzlich bedankt und dann gefragt: „Was halten Sie eigentlich davon, dass Sie mal mit Ihrer Frau oder Ihrer Familie an einem Wochenende zu uns kommen und sich verwöhnen lassen? Wir haben hier besondere Angebote – ich gebe Ihnen einmal diesen Flyer mit. Und ich würde mich sehr freuen, wenn Sie ein solches Angebot einmal wahrnehmen wollten. Für Ihr Kompliment ganz herzlichen Dank!“

Den Dank für das Kompliment zu verbinden mit einem derartigen Angebot, liegt eigentlich nahe; aber dennoch bedanken sich viele Hoteliers für ein solches Kompliment, ohne dies mit einem Angebot zu verbinden. Hier sind wir wieder beim Thema „Verkaufsinstinkt“.

Andererseits gibt es ein mit großem Aufwand gebautes Hotel eines Unternehmers, der von der Hotellerie eigentlich keine Ahnung hatte, der sich jedoch einen Lebenstraum erfüllen wollte und mit seinem vielen Geld einfach ein Hotel gebaut hat. Dort hat eine Firma zwei Tage einen Workshop durchgeführt, und man war mit zwei oder drei Details nicht einverstanden. Zum Beispiel waren in den Pausen die Getränke zwar bereitgestellt, aber in der nächsten Pause – immerhin zwei Stunden später – waren die benutzten Tassen etc. nicht weggeräumt, und es gab noch eine weitere kleine Reklamation. Als man den Unternehmer, der oft im Hotel anwesend war, später einmal darauf ansprach – wirklich ganz freundlich -, war die spontane Antwort: „Das kann eigentlich nicht sein." Allein diese Reaktion führte dazu, dass das Gespräch sehr schnell im Sande verlaufen ist. Ob das die richtige Reaktion war?

Andererseits erlebt man in hervorragend geführten Hotels, und da gibt es sicher viele, dass Dienstbereitschaft, Entgegenkommen, Service und Freundlichkeit auf einem außerordentlichen Niveau sind. In solchen Hotels ist übrigens die Fluktuation meist sehr gering; es gibt dort Kellnerinnen und Kellner, die 10, 15 und über 20 Jahre in diesem Betrieb tätig sind. Es gibt ein Hotel, da sind zwei Küchenchefs seit mehr als 25 Jahren Leiter der Küche. Den Mitarbeiterinnen und Mitarbeitern wird Wertschätzung entgegengebracht, und die Motivation ist entsprechend hoch. Permanent wird investiert. Es macht jedem Gast immer wieder Freude, in solchen Häusern Gast zu sein.

Fischabteilung im Kaufhaus

Ein junger sympathischer Verkäufer, drittes Ausbildungsjahr, Lebensmittelabteilung (Frischfischabteilung), fragte einmal: „Ja, wie soll ich das Zusatz-Verkaufen in meiner Fischabteilung überhaupt anwenden?" Ja wie? „Hat schon mal ein Kunde Lachsfilet gekauft?" – „Ja natürlich, jeden Tag kommt das vor." – „Und Zanderfilet?" – „Na klar!" – „Was hat der Kunde also vermutlich vor?" – „Er will ein Fischgericht machen!" – „Richtig!" – „Fragen Sie ihn doch einfach, ob er nicht einen schönen Krabbensalat als Vorspeise will, den haben Sie doch fertig zubereitet im Angebot!" – „Das probiere ich!"

Dieser junge Mann war so glücklich, dass es geklappt hat, nicht immer, aber immer öfter, so dass er jetzt einen richtigen Spaß daran hat, jedem Kunden irgendein Zusatzangebot zu machen. Umsatz passiert nicht, Umsatz wird gemacht! Und: Man kann ganze Bücher mit Artikeln und Waren schreiben, nach denen die Kunden nicht fragen!

Im Buchladen

In einem Buchgeschäft trug es sich zu, dass ein Kunde ein Büchlein kaufen wollte mit Lebensweisheiten. Er fand eines und kaufte. Die Buchhändlerin erzählte daraufhin: „Gestern hat ein Kunde davon 5 Stück gekauft!“ – „Ach ja?“ – „Ich fragte ihn auch, warum er davon fünf haben wolle.“ –„Und?“ – „Er sagte dann, er würde manchmal eingeladen, und da wolle er einfach einige Exemplare von einem Büchlein vorrätig haben, so als Gastgeschenk.“ – „Ach wissen Sie, das ist eine gute Idee, ich nehme auch mal drei weitere dazu.“ – „Gern!“

Lassen Sie sich auf das Thema SPIEGELN ein

Dieses Kapitel wendet sich keineswegs an schlechte Zuhörer. Man kann sicher davon ausgehen, dass jeder gesunde Mensch auch ein guter Zuhörer ist. Gerade um den gesunden und normalen Zuhörer geht es. Und dem muss man das Zuhören nicht beibringen. Es geht vielmehr darum, was man aus dem Gehörten machen kann.

Die meisten Menschen reagieren in ihrer Kommunikation „spontan“. Es spricht jemand zu einem Gesprächspartner, wie reagiert dieser? Spontan. Es spricht jemand zu Ihnen oder mit Ihnen, wie reagieren Sie? Spontan. Und mit unserer spontanen Reaktion, also mit unserem spontanen Kommunikationsverhalten, liegen wir meistens, zum Glück, auch richtig. Und Spontaneität ist auch etwas sehr Schönes.

Bei der Zuhörtechnik SPIEGELN geht es im Gegensatz zur spontanen Reaktion um eine „überlegte“, um eine geplante Reaktion.

Lassen Sie sich in die Technik des SPIEGELNS einführen, Sie werden sehr schöne Erfahrungen machen, ohne SPIEGELN werden Sie gar nicht mehr kommunizieren können. Und es geht hier um die bewusste Anwendung einer sehr weit entwickelten Kommunikationstechnik. Weit entwickelt übrigens durch die Psychologie und in der Psychotherapie.

Sie werden nicht nur schöne Erfahrungen machen, sondern Sie werden Ihre Kommunikation optimieren, professionalisieren oder auch perfektionieren, jedenfalls kommen Sie weiter in der Entwicklung Ihres Zuhör-Verhaltens, oder besser gesagt: Ihrer Zuhör-Technik. Doch zunächst: Was heißt es auf jemanden einzugehen? Auf einen Gesprächspartner, auf Kunden?

Auf den Kunden *eingehen*

Bitten sie einmal einen Gesprächspartner um eine Definition, was es genau heiße, *auf jemanden einzugehen*. Hier eine Auswahl von Antworten:

Nun ja, das heißt eigentlich genau, dass man also auf sein Gegenüber halt – eingehen soll, besser wüsste ich nicht zu erklären. Na ja, dass man ihm zuhört und dann auf ihn – eingeht.

Also, genau hinhören und auf das Gehörte – eingehen.

Also dem anderen genau zuhören, dann genau und passend antworten, bei ihm sein, gedanklich und gefühlsmäßig.

Also, wenn ich zum Beispiel auf meine Kunden eingehe, dann biete ich ihnen genau das an, was sie wünschen, das heißt es, auf den Kunden einzugehen.

Also, ich höre meinen Führungskräften zu, dann sprechen wir über alles, gehen aufeinander ein, auf die Argumente und Fragen zum Beispiel, und das heißt es halt.

Ist es nicht merkwürdig, dass wir eigentlich ziemlich hilflos sind, wenn wir definieren sollen, was es heißt, auf jemanden einzugehen?

Wenn wir schon solche Schwierigkeiten haben, dieses „Auf-jemanden-eingehen“ zu definieren, wie schwierig ist es dann erst, es zu praktizieren?

Auf jemanden eingehen heißt ihn zu **SPIEGELN**.

SPIEGELN heißt: mitteilen, was bei mir ankommt, darüber hinaus sogar, mitteilen, was ich wahrnehme.

Zuhören beginnt beim Du, bzw. beim Sie, **SPIEGELN** ebenfalls. Immer, wenn Sie also auf jemanden eingehen, werden Sie das Wort **Sie** oder **Du** benutzen. Hier Beispiele für **SPIEGELN**:

„Sie kommen mir in den letzten Wochen sehr gestresst vor.“
„In der letzten Zeit erlebe ich Sie sehr motiviert.“
„Das hört sich ganz schön frustriert an.“
„Sie meinen, das könnte schwierig werden?“
„Sie vermuten hier eine Intrige?“
„Sie schlagen also hier eine Sonderprämie vor?“
„Du würdest Dich durch einen Anruf bestätigt fühlen?“
„Das heißt, eine Stornierung wäre mit erheblichen Kosten verbunden?“
„Es geht Ihnen hauptsächlich darum, Zeit zu gewinnen?“
„Sie machen gerade einen sehr deprimierten Eindruck?“
„Bei mir ist jetzt folgendes angekommen, Sie ...“
„Ich sage Ihnen einmal, wie ich Sie jetzt verstanden habe...:“

Sie werden bemerken, dass nach diesen Beispiel-Sätzen, die ein **SPIEGELN** des vom Gesprächspartner „Gesendeten“ sind, mitunter ein Fragezeichen steht, obwohl die Sätze sich eigentlich wie Aussage-Sätze, wie Feststellungen anhören. Dies bedeutet, dass ein SPIEGELN stets wie eine Frage wirken sollte, damit der Gesprächspartner reagieren, also bestätigen oder korrigieren kann, mindestens zum Kommentieren des Gespiegelten angeregt wird. Dies erreichen Sie, indem Sie **nach dem SPIEGELN eine Pause** machen, um zu sehen, besser **um abzuwarten, wie der andere reagiert.**

SPIEGELN BEDEUTET ZUWENDUNG! Und wir (nicht nur unsere Kinder!) leiden heute oftmals unter einem Mangel an Zuwendung durch unsere Gesprächspartner. Durch SPIEGELN (= sich dem anderen zuwenden) erwerben Sie sich auch Sympathie!

Übrigens, nehmen Sie es einfach wörtlich: Sie haben einen Spiegel zu Hause, vermutlich sogar viele. Wenn Sie sich davor stellen, teilt der Spiegel Ihnen mit, was er sieht. Deutlich und klar, unverblümt, wenn es ein normaler Spiegel ist.

Sind Sie einverstanden mit dem, was Sie sehen, gehen Sie weg vom Spiegel. Sind Sie nicht einverstanden, beginnen Sie zu korrigieren, vielleicht auch sich zu wundern, vielleicht auch sich zu ärgern, vielleicht auch sich zu freuen. (Vielleicht zertrümmern Sie gar den Spiegel…)
Er ist ziemlich unbestechlich. Wenn Sie SPIEGELN im Dialog anwenden, dann sind Sie für den anderen der Spiegel. Wer sieht nicht neugierig hinein? Seien Sie gespannt und neugierig, wie der andere reagiert, wenn Sie ihm „den Spiegel vorhalten“.

Ich gebe ein Beispiel aus dem ganz alltäglichen Verkaufsgeschehen. Vorab: Sie glauben nicht, wie viele Kunden schon Verkäufern ihre Probleme geschildert haben, und kaum, dass sie damit fertig waren, kam vom Verkäufer entweder ein

Angebot oder eine Frage: „Ja, da würde ich Ihnen folgendes vorschlagen…“ oder: „an was hatten Sie genau gedacht?“

Beispiele:

Kunde: „Guten Tag…ich interessiere mich für eine schöne Armbanduhr…“
Verkäufer: „Gern, da kann ich Ihnen schöne Stücke zeigen, kleinen Moment…“
(„Hatten Sie da ein bestimmtes Fabrikat im Auge?“)

Kunde: „Guten Tag, ich suche einen Anzug für einen festlichen Anlass.“
Verkäufer: „Gern, da würde ich fast einen Smoking empfehlen, was meinen Sie?“
(„Soll es mit Weste sein oder ohne?“)

Kunde: „Wir interessieren uns für eine Wohnung, und Sie haben ja heute Tag der offenen Tür!“
Verkäufer: „Gern zeige Ihnen am besten erst mal die 3-Zimmer-Wohnung hier.“
(„Für wie viele Personen soll die Wohnung groß genug sein?“)

Kundin: „Wir suchen für uns zwei Fahrräder, weil wir in der Freizeit mit Radeln anfangen wollen.“
Verkäufer: „Ja, da haben wir eine große Auswahl hier.“
(„Dachten Sie an Mountainbikes oder eventuell Trekking-Räder?“)

Kunde: „Ich interessiere mich für einen neuen PC.“
Verkäufer: „Da haben wir alle möglichen Fabrikate für alle möglichen Anforderungen zu guten Preisen.“ („Bevorzugen Sie eine bestimmte Marke?“)

Kundin: „Ich bin auf der Suche nach einem neuen Auto für mich.“
Verkäufer: „Da sind Sie goldrichtig bei uns, zumal wir gerade

Sonderangebote haben, auch für die Finanzierung." („Was fahren Sie denn zur Zeit für einen Wagen?")

Kunde: „Wir möchten gern in Urlaub fahren und suchen etwas für uns Passendes."
Verkäufer: „Da haben wir viele sehr interessante Angebote, Spanien liegt gerade sehr im Trend…" (Oder: „Haben Sie schon bestimmte Vorstellungen?")

Sie können fragen, wen Sie wollen: wie viele von hundert Verkäufern reagieren so wie beschrieben: entweder mit einem Angebots-Satz oder mit einer Frage. Sie werden immer die Antwort erhalten: zwischen 85 und 100 reagieren tatsächlich so.

Wenn ein Kunde, nachdem er sein Problem geschildert hat, nach der Lösung fragt, antworten also mindestens 85 von 100 Verkäufern mit der Präsentation einer Lösung, allenfalls noch mit einer klärenden Frage. Genauso ist es, wenn ein Kunde in einen Laden geht und nach einer bestimmten Ware fragt. Entweder stellt der Verkäufer sofort dazu eine Frage, oder er sagt „Gern! Das zeige ich Ihnen, einen Moment!" Das ist, zugegeben, oft auch o.k und führt zum Verkaufserfolg. Diese Vorgehensweise soll hier also nicht verteufelt werden.

Seien Sie derjenige, der erst mal das Problem mit eigenen Worten wiedergibt, um zu prüfen, ob Sie alles korrekt verstanden haben. Fassen Sie zusammen, SPIEGELEN Sie! Gehen Sie dabei nicht nur auf die Sache ein, sondern auch auf den Menschen! Und staunen Sie über die Reaktion des Kunden! Und des Menschen…!

Es läuft immer auf dasselbe hinaus: Fast alle Verkäufer reagieren, indem sie sofort auf die Sache eingehen, kaum jemand reagiert, indem er erst einmal auf den Menschen eingeht.

Hier einmal typische **Gesprächsausschnitte**, bei denen Sie sofort erkennen, welche Reaktionen „normal" sind (und nicht einmal ‚falsch', Antworten 1 und 2), und **welche Reaktion ein SPIEGELN bedeutet (Antwort 3).** Und Sie können noch etwas erkennen: Mit welcher Reaktion gehe ich sofort auf die **Sache** ein, und mit welcher Reaktion gehe ich erst einmal auf den **Menschen**/den Kunden ein?

Fall 1

„Guten Tag, ich suche einen PC, ich bin Handelsvertreter. Einen PC und einen neuen Farbdrucker. Neben den üblichen professionellen Anwendungen vor allem für die Textverarbeitung, also auch Powerpoint etc., was alles ja Standard ist.
Ich muss Arbeitsmaterial erstellen, das ich bei Vorträgen ausgebe, und dies muss immer wieder aktualisiert, ergänzt und erneuert werden. Er soll leicht zu bedienen sein. Ein gutes Gerät, es muss nicht das Billigste sein."

Reaktionen:

1. „Ja, kommen Sie, ich zeige Ihnen mal ein sehr günstiges Gerät, damit können Sie praktisch alles machen, neueste Technik, Super-Design.
2. „Was haben Sie bisher für einen PC eingesetzt? Käme auch ein Laptop infrage?"
3. **„Es geht Ihnen um ein komfortables Gerät, mit dem Sie leicht und immer wieder veränderbar Arbeitsunterlagen erstellen können?"** (Jetzt auf die Antwort warten.)

Fall 2

„Guten Tag, ich interessiere mich für ein neues Fahrzeug. Ich fahre sehr viel, weil ich beruflich im ganzen Bundesgebiet zu tun habe. Das Auto muss zuverlässig sein, im Winter wie im Sommer. Und

Kauf kommt nicht in Frage, ich lease. Mir geht es auch um einen Nachlass, denn ich gebe keinen Wagen in Zahlung. Was können Sie mir da anbieten?"

Reaktionen:

1. „Ja gern, da haben wir mit Sicherheit das Passende. Ich würde schon mal auf Diesel tippen."
2. „Darf ich fragen, wann Sie Ihr neues Fahrzeug brauchen?"
3. **„Ja, Sie wollen sich zu jeder Jahreszeit auf Ihr Fahrzeug verlassen können?**" (Jetzt auf die Antwort warten.)

Fall 3 (am Telefon, der Kunde ist höchst erregt)

„Also, ich rufe jetzt schon zum vierten Mal an, es ist unglaublich! Keiner gibt einem eine richtige Auskunft! Offenbar fühlt sich niemand verantwortlich, ich bin es bald leid! Man wird nur hin und her verbunden! Wann kann mir endlich mal einer sagen, was mit meinem Reparaturauftrag los ist!? Ich brauche den Wagen ganz dringend heute noch! Muss man denn wirklich erst mit dem Chef persönlich reden!?"

Reaktionen:

1. „Ich verbinde Sie sofort mit Herrn Nordler von der Werkstatt, der kann Ihnen sicher etwas sagen."
2. „Wer sind Sie bitte, und worum geht es genau?"
3. **„Sie sind aber sehr verärgert! Ich werde Ihnen jetzt gern persönlich weiterhelfen, mein Name ist Frau Stadler, Birgit Stadler, wie kann ich Ihnen helfen?"**

Fall 4

„Ich bin dabei mir ein Büro einzurichten, acht mal neun Meter etwa habe ich zur Verfügung, drei Meter fünfzig hoch. Einen Schreibtisch brauche ich, Besprechungstisch, Schränke, Kopierer und so weiter. Die Umbauarbeiten sind in etwa 2 Monaten beendet. Wie sieht es mit den Lieferzeiten aus, und was könnte das Ganze – so über den Daumen – kosten?“

Reaktionen:

1. „O.K., bis dahin haben wir ja zum Glück noch etwas Zeit. Es kommt darauf an, was Sie im Einzelnen alles haben wollen.“
2. „Sollen es eher wohnliche Möbel sein oder ganz professionelle Büromöbel?“
3. **„Ja, Sie möchten im Grunde einen schnellen Überblick über Investitionskosten, Termine bzw. Zeitbedarf, damit Sie konkret planen können?“** (Jetzt auf die Antwort warten.)

Fall 5

„Wir möchten im Juli in Urlaub fahren, mit Hund, also meine Frau und ich, mit unserem Hund. Fliegen wollen wir nicht, sondern mit dem Auto fahren. Strandleben kommt auch nicht in Frage, es muss ein Ort sein, wo wir jederzeit mit dem Hund spazieren gehen können, und es soll auch nicht so riskant sein vom Wetter her. Am liebsten eine Art Ferienwohnung in wärmerer Gegend mit schöner Landschaft und mit gutem Service. Haben Sie da etwas zu bieten?“

Reaktionen:

1. „Wenn das Fliegen kein Hindernis wäre, hätte ich ganz herrliche Reiseziele zu bieten. Mit Hund kann man heutzutage gut fliegen. Sonst würde ich Ihnen Italien empfehlen, nicht zu weit südlich, da ist es nicht zu heiß, außerdem gut mit dem Auto zu erreichen. “
2. „Wollen Sie mal ein paar Kataloge sehen vom Allgäu oder Österreich?“

3. **„Sie möchten sich bei gutem Wetter erholen, und es soll insgesamt, auch im Hinblick auf den Hund, bequem und angenehm sein, mit viel Unabhängigkeit?“**
   (Jetzt auf die Antwort warten.)

Fall 6

„Guten Tag, wir wollen uns nur mal unverbindlich umschauen. --- Also, wir suchen eine neue Küche. Wir beziehen in einem halben Jahr unsere neue Eigentumswohnung. Es sollte etwas Modernes sein, weiß oder grau oder so, mit Mikrowelle, Ceran-Kochfeld, Geschirrspüler, ein Super-Backofen und so. Wir gehen aber in mehrere Geschäfte, weil wir schon gemerkt haben, dass es große Preisunterschiede gibt.“

Reaktionen:

1. „Ja, wir können gern mal in die Küchenabteilung gehen, um uns einiges anzusehen. Da gibt es in der Tat viele Modelle und Preisgruppen.“
2. „Sie brauchen die Küche erst in einem halben Jahr? Hatten Sie an ein bestimmtes Fabrikat gedacht? “
3. **„Sie möchten eine perfekt ausgestattete, moderne Küche und informieren sich schon jetzt, um aus vielfältigem Angebot die optimale Entscheidung treffen zu können?“**
   (Jetzt auf die Antwort warten.)

Fall 7

„Wir kaufen gerade ein Haus, es ist soweit alles klar, jetzt vergleichen wir noch Finanzierungsmöglichkeiten. Wir können kein Eigenkapital einsetzen, die ersten fünf Jahre sollen ohne Tilgung laufen. Wie können wir da vorgehen?“

Reaktionen:

1. „Ja, die Zeit für Immobilien-Käufe war selten so günstig wie jetzt. Um welches Objekt handelt es sich, und wie hoch ist der Finanzbedarf?"

2. „Sicher haben Sie einige Unterlagen dabei, dann kann ich Ihnen konkrete Auskunft geben."
3. **„Sie wünschen volle Finanzierung, die ersten fünf Jahre tilgungsfrei, und jetzt suchen Sie das überzeugendste Angebot?"** (Jetzt auf die Antwort warten.)

Fall 8

„Guten Tag, wir möchten unser Wohnzimmer neu gestalten, also wir denken so an Vertäfelungen, vor allem an eine holzgetäfelte Decke. Da die Fenster nicht sehr groß sind, die Räume aber drei Meter fünfzig hoch, sollte es helles Holz sein. Für die Wände wissen wir noch nicht so richtig... Aber es gibt ja tolle Sachen in Ihrer Ausstellung!"

Reaktionen:

1. „Ja, gehen wir doch gemeinsam einmal durch die Ausstellung, Sie sagen mir dann, was Ihnen besonders gefällt."
2. „Denken Sie an eine bestimmte Holzart?"
3. **„Sie möchten Ihr Wohnzimmer verschönern, und im Moment sind Sie nur sicher, dass die Decke hell sein soll. Ansonsten sind Sie noch nicht festgelegt?"**
(Jetzt auf die Antwort warten.)

Fall 9

„Ich möchte neben meinem Wohnhaus, in einem angebauten Flachbau, ein Seminar-Zentrum einrichten. Sie bieten doch

Schulungsraum-Einrichtungen an, wie könnten Sie mich da beraten?"

Reaktionen:

1. „Wenn Sie eine Komplettlösung suchen, kommt am besten mal unser Innenarchitekt bei Ihnen vorbei, das würden wir gern machen. Man muss so etwas vor Ort sehen."
2. „Wann ungefähr möchten Sie das Projekt realisieren? Wie viel Zeit steht circa zur Verfügung?"
3. **„Sie suchen Gestaltungsvorschläge für einen professionellen Seminar-Bereich, ja? – Darf ich Ihnen dazu einige Fragen stellen?"**

Fall 10

„Guten Tag! Ich suche ein besonderes Schmuckstück, etwas, das man vielleicht sogar einmal vererben kann…"

Reaktionen:

1. „Gern, ich zeige Ihnen mal einige Colliers oder auch Armbänder."
2. „Dachten Sie an etwas Bestimmtes?"
3. **„Ja, offenbar soll es eine besondere Anschaffung fürs Leben sein, etwas Einzigartiges mit schönstem Erinnerungswert?** (Jetzt auf die Antwort warten.)

Haben Sie geprüft? Bei allen 10 Fallbeispielen finden Sie sofort, welche Antworten „normal" oder alltäglich sind. Sie werden feststellen, die beiden ersten Antworten gehen sofort auf die **Sache**, bzw. **das Anliegen** ein. Die dritte Antwort ist stets die, die deutlich macht: Hier wird zunächst auf den **Menschen** eingegangen. Es soll aber auch darauf hingewiesen werden, dass SPIEGELN nicht immer und nicht in jeder Situation möglich oder empfehlenswert ist. Allerdings gibt es die Gelegenheit zum SPIEGELN in jedem Gespräch immer mal.

Nehmen Sie die folgenden kleinen Szenen noch als kleine zusätzliche Übung:

Hier können Sie schnell erkennen, dass Sie die Technik des **SPIEGELNS** schon oft angewandt haben, und zwar eher unbewusst.

Welche Antwort halten Sie bei den folgenden kleinen Szenen, die aus Gesprächen gewissermaßen herausgeschnitten sind, für die psychologisch beste? Das muss nicht gleichzeitig die aus Ihrer Sicht verkäuferisch beste sein, denn aus verkäuferischer Perspektive sind manche Antworten sicher nicht optimal. Lassen Sie sich einfach von Ihrem Gefühl leiten.

1. **Nein, keine Abbuchung, man hört oft, dass falsch abgebucht wird!**

   (a) Aber das ist vollkommen ausgeschlossen...
   (b) Fast alle unsere Kunden lassen abbuchen...
   (c) Das wäre aber für uns alle das Einfachste...
   (d) Sie fürchten, dass wir zu viel abbuchen könnten...?

2. **Was Sie da von Ihren Kunden verlangen, das ist reine Schikane!**

   (a) Also, das ist überhaupt keine Schikane, wie kommen Sie darauf?
   (b) Tut mir leid, ich mache die Vorschriften nicht...
   (c) Sie ärgern sich, weil Sie nicht vorher informiert wurden...?
   (d) Wir passen uns da nur den neuen Richtlinien an...

3. Diesen Preis kann ich unmöglich akzeptieren!

(a) Kommen Sie, jetzt kennen wir uns schon lange...
(b) Schade, dann können wir wohl nichts machen...
(c) Aber diesen Service bietet Ihnen sonst niemand...!
(d) Sie haben das Gefühl, wir wollten Sie über den Tisch ziehen?

4. Sie fragen mich immer dasselbe. Das erkläre ich doch jetzt schon 10 Minuten lang!

(a) Sie geben mir ja auch keine vernünftige Antwort...!
(b) Sie verstehen nicht ganz, worauf ich hinaus will...
(c) 10 Minuten ist wohl stark übertrieben...
(d) Tut mir leid, es nervt Sie jetzt ein wenig, oder...?

5. Das klingt ja alles ganz gut...

(a) Fein, dann können wir die Sache ja klar machen...
(b) Aber irgendwie haben Sie Bedenken, die Sache ist für Sie noch nicht rund?
(c) Das klingt nicht nur gut, das ist auch gut...
(d) Warum zögern Sie dann noch...

6. Bei der anderen Firma waren Sie aber wesentlich kulanter!?

(a) Sie erwarten einfach noch mehr Entgegenkommen, oder?
(b) Wer hat Ihnen denn das erzählt...?
(c) Da lag der Fall auch ganz anders...!
(d) Ich weiß jetzt nicht, worauf Sie hinaus wollen...

7. Ich sehe da kaum noch Chancen.

(a) Und was machen wir jetzt?
(b) Hört sich ziemlich pessimistisch an.
(c) Sie meinen, es wird schwierig, doch noch klar zu kommen?
(d) Dann können wir das Ganze ja wohl vergessen...

8. Also, wenn da jeder kommen würde!

(a) Kommen Sie, bei mir können Sie mal ein Auge zudrücken...
(b) Sie denken, das könnte Schule machen?
(c) Bei anderen geht's doch auch, wie ich weiß...
(d) Da muss ich wohl mal mit Ihrem Vorgesetzten reden...

9. Hören Sie, ich brauche die Ware heute noch, der Kunde ruft dauernd an.

(a) Können Sie ihn nicht noch auf übermorgen vertrösten?
(b) Unmöglich, wie sollen wir das noch schaffen?
(c) Der Kunde setzt Sie unheimlich unter Druck?
(d) Heute noch? Das geht unmöglich...

10. Das ist Ihr Problem, interessiert mich nicht! Ich will mein Geld sofort zurück!

(a) Sie sind stinksauer jetzt, weil...?
(b) Ich würde es Ihnen ja gern überweisen, aber unsere EDV...
(c) Ich habe Ihnen doch gerade erklärt...
(d) Tut mir leid, ich kann Ihnen da auch nicht weiterhelfen...

11. Ich rufe jetzt schon zum 6. Mal an, allmählich reicht's!

(a) Bitte, wir sind nicht nur für Sie da, andere Kunden rufen auch noch an!
(b) Die Telefonanlage ist aber auch total überlastet!
(c) Sie hören sich sehr verärgert kann. Was kann ich für Sie tun?
(d) Um was geht's denn überhaupt?

12. Das von Ihnen gelieferte Gerät funktioniert überhaupt nicht!

(a) Da muss ich Ihnen mal jemand vorbeischicken...
(b) Haben Sie denn das Bedienungs-Handbuch durchgearbeitet?
(c) Sie hören sich ziemlich verzweifelt an. Was genau geht nicht?
(d) So ganz einfach ist das auch nicht...

13. Wo bleibt eigentlich die Bestätigung, die ist längst überfällig!

(a) Welchen Auftrag meinen Sie?
(b) Wann hatten Sie denn bestellt?
(c) Zur Zeit haben wir aber auch unheimlich viel zu tun!
(d) Sie warten schon dringend darauf; darf ich fragen…

14. Dauert es immer so lange, bis Sie sagen können, ob ein Zimmer frei ist?

(a) Zur Zeit sind wir ziemlich stark ausgebucht...
(b) Ja, Entschuldigung, es eilt Ihnen, ich kann es Ihnen sofort sagen, Moment…
(c) Einen Moment nur noch...
(d) Zaubern kann ich noch nicht...

15. Ihr Vertreter lässt sich überhaupt nicht mehr blicken!

(a) Das kann eigentlich nicht sein.
(b) Die haben alle ziemlich große Gebiete.
(c) Sie möchten besser betreut werden, ich werde...
(d) Ich spreche ihn sofort an, kann ich Ihnen jetzt schon telefonisch helfen?

(Lösung: 1 d, 2 c, 3 d, 4 d, 5 b, 6 a, 7 b+c, 8 b, 9 c, 10 a, 11. c, 12 c, 13 d, 14. b, 15. c,)

Sie haben bei dieser Übung eine interessante Besonderheit erkannt: Es wird meistens auf das *Gefühl* eingegangen, *also das Gefühl „gespiegelt“.* Und da werden Sie eine persönliche Erfahrung machen: Je mehr Sie sich in Gesprächen auf die emotionale Seite, auf die emotionalen Aspekte konzentrieren, desto mehr öffnet sich der Gesprächspartner. Und sich öffnen heißt immer: Mehr berichten, mehr erzählen, präzisieren, kommentieren, sich etwas von der Seele reden, aus sich herausgehen. Wenn Sie sich beim *SPIEGELN* auf das Emotionale „einlassen“, schafft dies schneller Vertrauen. Eine negative Seite davon wäre es, wenn wir *SPIEGELN* nur anwenden würden, um den anderen auszuhorchen.

Je mehr Sie sich in Gesprächen auf die emotionalen Aspekte konzentrieren, desto mehr öffnet sich Ihr Gesprächspartner. Und sich öffnen heißt immer: Mehr berichten, mehr erzählen, präzisieren, kommentieren, sich etwas von der Seele reden, aus sich herausgehen, mehr vertrauen. Wenn Sie sich beim *SPIEGELN* auf das Emotionale „einlassen“, schafft dies schneller Vertrauen.

Es muss auf eine wichtige Grenze hingewiesen werden, die in Ihrer persönlichen Ethik liegt, nämlich das *SPIEGELN* nicht zu übertreiben, es vor allem nicht anzuwenden, um den anderen zu manipulieren und ihn bewusst zu Aussagen zu verleiten, die er später einmal bereuen könnte. („Wieso habe ich dem eigentlich das alles erzählt, ich habe mehr erzählt als ich eigentlich wollte…“). Seien Sie sich dieser Verantwortung bewusst!

„SPIEGELN“ =

<u>dem Partner mitteilen</u>, was bei mir angekommen ist und ihn fragen, ob das so korrekt sei.

Mit dieser Zuhör-(Spiegel-)<u>Technik</u> erreichen wir

1. **Kontrolle, ob verstanden. (Bestätigung)**
   Partnerbestätigung einholen, ob, bzw. dass man richtig verstanden hat.

!! 2. **eine positive Beziehung, Vertrauen**
   (Also eine Technik für **Sympathie**)

3. **Zeitgewinn für Antwort**
   (Sie benutzen **SPIEGELN** zum Nachdenken)

!!! 4. **Öffnung + Aktivierung des Partners, mehr Information, mehr Vertrauen**
   (**Zusätzliche** Informationen für Sie = kompetenteres Antworten)

„SPIEGELN“

löst beim Partner ***SPRECHEN*** aus.

Sie kommen ins Gespräch durch „Eingehen auf den Partner“!!!

<u>SPIEGELN IST DIE PERFEKTION DES ZUHÖRENS!</u>

„SPIEGELN" =

dem Partner mitteilen, was bei mir angekommen ist und was ich wahrnehme:

Was kann ich spiegeln?

- **was mein Gegenüber gesagt hat**
- **was mein Gegenüber gemeint hat**
- **was mein Gegenüber gefühlt hat:**
- **„hört sich ziemlich verärgert an..."**
- **„scheint Sie sehr zu motivieren"**
- **den Tonfall: „Sie sagen das etwas gereizt"**
- **die Körpersprache**
- **die Atmung**
- **Sinneskanal**
  (Sehen, Hören, Fühlen, Schmecken, Riechen)

„SPIEGELN" löst **SPRECHEN** aus.

Sie kommen ins Gespräch

durch „Eingehen auf den Partner"

Zur praktischen Anwendung

Richtig ist und bleibt, dass Sie für die Anwendung des **SPIEGELNS** Ihre Spontaneität beherrschen bzw. unterdrücken müssen. Zum Glück nicht immer, aber vielleicht doch immer öfter… Dazu gehört **GELASSENHEIT**. Wie man die erreicht? Das ist eine lange Geschichte. Manche erreichen sie nie. Immerhin, ein Weg ist: älter werden. Mit zunehmendem Alter werden wir (hoffentlich) immer weiser, immer ruhiger, immer gelassener. Wir lernen, Dinge auch einmal hinzunehmen, und wir lernen, in Gesprächen auch einmal etwas „unkommentiert" zu lassen.

Ein weiterer Weg sind gewisse Anker, die wir bei uns setzen. Ein solcher Anker wäre:

Sobald Ihnen jemand sagt: „Das Problem (die Aufgabe, die Herausforderung) ist folgendes…", und es dann beschreibt, sollte bei Ihnen eine Antenne herausgehen: Sie wissen jetzt, wie Sie auf die Problemschilderung reagieren, und zwar, Sie hören zu, um anschließend mit eigenen Worten Ihrem Gesprächspartner mitzuteilen, was Sie verstanden haben. Zusammengefasst! Auch die Emotion berücksichtigen. Und dann warten Sie, wie Ihr Gesprächspartner darauf reagiert. Er reagiert fast immer, indem er weitere Ausführungen macht, Beispiele nennt und das Thema vertieft. Nicht nur das Thema wird klarer, auch die Beziehung zwischen Ihnen profitiert.

Wie ist es üblich? Wenn ein Gesprächspartner einem Verkäufer ein Problem geschildert hat, wusste der schon während der Schilderung, wie er reagieren würde: mit einer Lösung oder mit gezielten Fragen. Innerer Dialog: Ich höre dir zu, aber komme bitte zum Punkt, und wenn du fertig bist, werde ich dir meine Antwort geben! **Neue Verhaltensweise, innerer Dialog: Ich höre dir zu, auch geduldig, und wenn du fertig bist, teile ich dir erst einmal mit, was bei mir angekommen ist – und dann warte ich, wie du auf diese Mitteilung reagierst.** Sie werden staunen, wie oft und wie vielfältig sich diese neue Verhaltensweise anwenden lässt, es geht immer mehr in „Fleisch und Blut“ über.

Praxis-Beispiel zum SPIEGELN I, ein Erlebnis eines Trainers:

Ihn rief eines Tages ein Unternehmer aus Braunschweig an.
Er meldete sich und folgender Dialog entspann sich:

„Scholz, guten Tag, Günter Scholz am Apparat.“

„Guten Tag, mein Name ist Schubert, Konrad Schubert. Sind Sie der Verkaufstrainer Scholz?“
„Ja, was kann ich für Sie tun?“

„Ich suche einen Verkaufstrainer für unseren Außendienst, und deswegen rufe ich an. Ich würde Sie allerdings gern ein wenig kennen lernen, bevor ich Sie „auf meine Leute“ loslasse.“

„Das heißt, Sie wollen die Katze nicht im Sack kaufen?“
(Damit hat der Trainer unbewusst gespiegelt, was der Anrufer eigentlich meinte und sagte).

Und der: „Genau, wir haben da nämlich schon mal einen Flop erlebt.“

(Diese Antwort gibt der Anrufer nach dem **SPIEGELN**, ohne dass er danach gefragt worden war, automatisch also).

„Ja, am besten, ich komme Sie besuchen, da können wir gern alles besprechen und uns ein wenig kennen lernen.“

„O.K, machen wir einen Termin.“ (So geschah es)

Das Gespräch verlief etwa so:

„Hallo, guten Tag Herr Schubert. Scholz ist mein Name." „Guten Tag, Herr Scholz, schön, dass Sie gekommen sind." (Man setzt sich). „Ja, es geht um folgendes: Ich habe einen Außendienst, 12 Mitarbeiter, alles Techniker. Die Produkte, die wir vertreiben, stellen wir auch selbst her, und die Verkäufer im Außendienst kommen zumeist aus der Konstruktion, sie haben die Produkte überwiegend mitkonstruiert, das sind Koryphäen, wirklich gute Leute! Nun fahre ich häufig mit zur Kundschaft, ich will natürlich wissen, was draußen los ist, und wir fahren auch gern zusammen zum Kunden, da gibt es keine Probleme. Was mir nun immer wieder aufgefallen ist: Meine Mitarbeiter erklären den Kunden, wie stolz sie sind, dass sie das Produkt selbst mitkonstruiert haben und dann auch von der ersten bis zur letzten Schraube, wie es funktioniert. Bei den Kunden habe ich gemerkt, die interessiert das gar nicht, die wollen wissen, ob sie das brauchen können, und welche Probleme es löst. Was soll das, was bringt das, warum soll ich hier investieren? Das fragt doch der Kunde! Und deswegen würde ich gern ein Seminar, ein Training durchführen. Herr Scholz, was schlagen Sie da vor?"

Und jetzt schätzen Sie bitte einmal:

Wie viele von hundert Verkäufern, liebe Leserinnen und Leser, würden spontan antworten: „Ja, da würde ich folgendes vorschlagen…"? (Sie erinnern sich, das Thema hatten wir schon). Glauben Sie, es sind die besagten „99", die so reagieren würden! Doch damit sollte Schluss sein. Heute, wenn Ihnen ein Kunde sein Problem schildert, gehen Sie so vor: Sie hören gern zu, auch geduldig, Sie machen sich sogar eventuell Notizen, und wenn der Kunde fertig ist mit der Schilderung seines Problems und Sie fragt, was Sie dazu meinen, was Sie vorschlagen, lautet Ihre Standard-Antwort: „Gern. Sage ich Ihnen, ich fasse nur erstmal kurz zusammen…" Und dann fassen Sie tatsächlich zusammen, spiegeln und fragen, ob das so korrekt sei. Das wird Ihre Standardreaktion. Und so hat es Herr Scholz auch bei Herrn Schubert in

Braunschweig gemacht. Und wie war dessen Antwort, dessen Reaktion auf die Zusammenfassung? „Ja. Korrekt. **Aber lassen Sie mich noch folgendes hinzufügen:** Ich habe da einen Herrn Mühlbrecht, mit dem war ich kürzlich 2 Tage unterwegs. Ein sehr guter Mann. Der hat folgende Stärke…" Hat Scholz sich notiert. „Und dann habe ich noch einen Herrn Schulberger, bei dem ist etwas ganz anderes…" Hat er sich auch notiert. „Und schließlich möchte ich Ihnen noch Herrn Schädler ans Herz legen, bei dem sollten Sie auf eine merkwürdige Eigenschaft achten…!"

Scholz dachte, er höre nicht richtig. Der Kunde sagt: „Bei dem sollten Sie auf eine merkwürdige Eigenschaft achten…" Offensichtlich geht der Kunde bereits davon aus, dass Scholz das Training durchführt. Damit hat der Kunde ihm unbewusst (und natürlich mit allen Vorbehalten ausgesprochen), bereits den Auftrag erteilt. Jetzt darf Scholz natürlich, so schön das wäre, nicht spiegeln: „Das war schon der Auftrag?" Aber er hatte ein großes Schlüsselerlebnis. Der Kunde ist noch dabei, ihm die Aufgabenstellung, das Problem zu erläutern, und dabei rutscht ihm gewissermaßen schon heraus, worauf der Trainer besonders achten soll, was der Auftragserteilung fast gleich kommt. Und: Das SPIEGELN führte dazu, dass der Kunde weiter spricht, mehr Information gibt, oft erst die eigentliche Information, dass er Vertrauen fasst, dass er sich dem Verkäufer „anvertraut". Es ist schon erstaunlich und fabelhaft, wie das immer wieder so funktioniert. Warum ist Scholz früher nicht auf seine Gesprächspartner eingegangen? Er sagt selbst: Ich habe einfach zu viel „gequatscht" und kam mir dabei auch noch „stark" vor.

Ich höre gern zu, auch geduldig, ich mache mir sogar eventuell Notizen, und wenn der Kunde fertig ist mit der Schilderung seines Problems und mich fragt, was ich dazu meine, was ich dazu als Lösung zu bieten hätte, lautet meine Standardantwort: „Gern. Sage ich Ihnen, ich fasse nur mal kurz zusammen…" Und dann wird tatsächlich zusammengefasst, gespiegelt also und gefragt, ob das so korrekt sei. Das ist – nun auch schon einige Zeit – seine Standardreaktion, und es sollte auch Ihre werden.

Praxis-Beispiel zum SPIEGELN II:

Scholz weiß noch ein schönes Beispiel zu berichten: Eine Unternehmerin hatte auch einmal um den Besuch eines Trainers gebeten, weil sie einen Trainer für ihre Vertriebsmitarbeiter im Außendienst suchte. Sie begrüßte Scholz mit den Worten:

„Herr Scholz, ich freue mich, dass Sie gekommen sind, auf der Karte habe ich gesehen, Sie müssen ja über 700 Kilometer gefahren sein! Sie sind übrigens schon der neunte Trainer, den ich empfange, es soll ja über zehntausend geben in Deutschland!“

Spontane Antwort von Scholz:

„Ja, Sie scheinen sich bei der Auswahl sehr viel Mühe zu geben!?“
(Das ist SPIEGELN)
„Genau, ich sage Ihnen auch warum:…“

Und dann berichtete sie ihm eingehend über die Aufgabenstellung, und Scholz machte sich einige Notizen: „…darf ich mir ein paar Notizen machen?“ „Gern!“ Es war hochinteressant.
Schließlich endete sie mit den Worten: „Und jetzt würde ich gern hören, was Sie da für Ideen haben.“
Diese Ideen hätte Scholz früher sofort „herausgelassen“, schließlich ist das Routine, oder? Jetzt sagte er:

„Gern, lassen Sie mich nur kurz zusammenfassen….“

Und dann fasste er das Gehörte und Beschriebene erst einmal zusammen und fragte, ob er das so korrekt wiedergegeben hätte, ob das so ihr Anliegen sei. Die Unternehmerin antwortete:

„Ja, das ist so korrekt, aber ich würde gern noch folgendes hinzufügen…“

Und dann kamen weitere, sehr interessante und für das Verstehen des Problems wichtige Einzelheiten. Und die fasste Scholz auch noch einmal zusammen und wartete auf die Reaktion. Wieder kam:

„Korrekt. Und jetzt vielleicht noch ein Letztes, Herr Scholz, es ist vielleicht eine Marotte, ich gebe es zu: Einige meiner Außendienstler tragen immer noch zum dunklen Anzug weiße Socken!“

Und dann war sie mit ihren Ausführungen fertig. Und Scholz fasste das letzte auch noch zusammen und beendete seinen Satz mit:

„Und, sagen Sie, weiße Socken zum dunklen Anzug – die hassen Sie fast ein wenig?“

„Ja!“ –

Hatte sie von Hass gesprochen? Nein. Aber bei seinem SPIEGELN machte Scholz aus ‚„und stellen Sie sich vor, einige tragen zum dunklen Anzug weiße Socken!’: ‚und das hassen Sie fast ein wenig?“

Kurze Zeit später bekam er den Auftrag. Allerdings nicht, weil er der beste von allen angefragten Trainern war, sondern, weil er „auf die Unternehmerin eingegangen ist und zwar besonders auf ihre Emotion.“ Diese Erfahrung macht er inzwischen häufig, es lohnt sich buchstäblich, auf den Kunden einzugehen!

Praktische Führungskommunikation mit SPIEGELN:
Führen bedeutet auch und im Wesentlichen: Kommunizieren

Gesprächsausschnitt Vorgesetzter mit Mitarbeiter

Das Gespräch zwischen einem Vorgesetzten und einem Mitarbeiter hörte sich wie folgt an: In Klammern die „verdeckten" Botschaften:

Vorgesetzter:

Herr Kurz, können Sie mir schon sagen, wann Sie das Angebot für die Firma Strauch GmbH fertig haben, die wollten das bis Ende Februar haben, hier geht es um ziemlich viel, das wissen Sie sicher. (Kaum hörbarer, aber durchaus wahrnehmbarer, kritischer Unterton).

Mitarbeiter:

Ja, das weiß ich in der Tat. (Heraushörbar: leicht pikiert)

Vorgesetzter:

Und? Was ist mit dem Angebot? (Hörbar: „Spiel nicht mit mir!").

Mitarbeiter:

Ich weiß, ich bin dabei, ich habe gestern noch mit Herrn Strauch selbst telefoniert, der rief an und hat noch zwei Änderungen durchgegeben. Wir kommen dadurch terminlich unter Druck, habe ich ihm auch gesagt, aber ich tue mein Bestes. Und ich muss es noch einmal neu kalkulieren wegen der Änderungen. Also es wird knapp. („...und doof bin ich auch nicht!")

Vorgesetzter:

O.K., aber denken Sie dran, da hängt auch viel Prestige drin, den Termin sollten wir unbedingt halten, wenn das klappt, bekommen wir sicher noch größere Projekte von denen.
Bleiben Sie dran, lassen Sie lieber etwas anderes liegen. (Ohne Einfühlung, der Vorgesetzte ordnet an. „Ich merke schon, ich muss Druck machen! Ich muss dir sagen, wie du deinen Job zu machen hast)."

Mitarbeiter:

O.K., aber wir sollten lieber den Angebotstermin verschieben, nach Rücksprache mit dem Kunden natürlich, es geht um viele Details, und wir müssen ganz besonders präzise arbeiten.
Bei diesem Erstauftrag, auf den wir hoffen, sollte nichts schief gehen. („Ich habe mir etwas dabei gedacht, ich weiß auch, was Verantwortung heißt.")

Vorgesetzter:

Bloß nicht verschieben, nehmen Sie notfalls die Nacht dazu, wir wollen uns doch nicht blamieren. Brauchen Sie noch Leute oder irgendwie Unterstützung? (fehlt nur noch: „oder muss ich mich selbst drum kümmern, sind Sie etwas überfordert?")

Mitarbeiter:

Leute nützen mir da nichts, niemand ist so im Detail, dieses Angebot muss ich schon selbst zu Ende bringen, und in den letzten Tagen bin ich eh schon 14 Stunden täglich dabei, gestern war ich bis 21.30 Uhr im Büro. Da ist es dann nicht mehr so ganz leicht, sich zu konzentrieren. („Sie beginnen mich zu nerven, ich mache schon mehr als normal, und dann kommen Sie noch, und machen Druck, anstatt mich zu wenigstens moralisch zu unterstützen".)

Vorgesetzter:

O.K, aber egal, wir sollten den Termin unbedingt halten, von Verschieben halte ich wirklich nichts, es hängt zu viel davon ab, denke ich. Halten Sie mich auf dem Laufenden, ich muss jetzt noch in eine Besprechung, tschüss erst mal. (Und nicht vergessen: ich spaße nicht, ich bin wichtig, ich bin schließlich der Chef).

Mitarbeiter:

Schweigt und wendet sich ab. Was er jetzt denkt, kann man vermuten.

Nach diesem Gespräch lassen Sie uns kurz analysieren, ob die beiden Herren „aufeinander eingegangen“ sind. In Klammern habe ich notiert, was nicht ausgesprochen wurde, was aber im Ton untergebracht wurde, also die verdeckten Botschaften.

Schon in seiner Einleitung des Gespräches sagt der Vorgesetzte am Ende des Satzes „Das wissen Sie sicher“. Der Vorgesetzte sagt damit: „Das muss ich sicher nicht besonders betonen, das sollte Ihnen schon klar sein!“ Natürlich hört der Mitarbeiter hier schon „Druck“ und auch den kritischen Unterton heraus, und prompt reagiert er ganz leicht gereizt: „Ja, das weiß ich in der Tat!“

Und so geht es weiter. Kein einziges Mal geht der Vorgesetzte auf den Mitarbeiter ein. Solche Gespräche sind keine Einzelfälle, die kommen täglich tausendfach vor. Hier kommt eine schöne Kommunikationsregel, fast schon ein „Gesetz“ zum Tragen:

**„Wenn das Konflikt-Niveau steigt,
nimmt die Kommunikationsfähigkeit ab.“**

Und das Konflikt-Niveau ist in diesem Gespräch leicht gestiegen, es ist noch nichts kaputt, aber es könnte durch erst leichte, dann höhere Gereiztheit schnell zu einer Prestige-Diskussion ausarten bis zur Polarisierung. („Vergessen Sie nicht, wer hier der Vorgesetzte ist…“)

Wie hätte ein solches Gespräch verlaufen können, wenn man „aufeinander eingegangen wäre“:

Noch mal neu:

Vorgesetzter:

Herr Kurz, können Sie mir schon sagen, wann Sie das Angebot für die Firma Strauch GmbH fertig haben, die wollten das bis Ende Februar, hier geht es ja um ziemlich viel, ich weiß allerdings, dass der Termin knapp ist. (Der letzte Satzteil zeigt bereits Empathie/Einfühlung.)

Mitarbeiter:

Stimmt, ist ziemlich knapp, ich bin dabei, ich habe gestern noch mit Herrn Strauch selbst telefoniert, der rief an und hat noch zwei Änderungen durchgegeben. Wir kommen dadurch terminlich unter Druck, habe ich ihm auch gesagt, aber ich tue mein Bestes. Und ich muss es noch einmal neu kalkulieren wegen der Änderungen.

Vorgesetzter:

Mit den Änderungen hat er also Ihr Timing durcheinander gebracht?
(Er geht auf den Mitarbeiter ein, wir klären noch auf, was er da eigentlich genau tut.)

Mitarbeiter:

Genau. Ich hatte schon an eine Verschiebung des Angebotstermins gedacht, und ich wollte Herrn Sturm das auch schon sagen. Aber es hängt halt viel für uns dran, es wäre ja ein Erstauftrag. Ich denke, dass ich es noch hinbekomme, habe auch schon Frau Miehling gesprochen, die mir bei der Zusammenstellung einiger Daten behilflich ist, also, es wird klappen.

Vorgesetzter:

O.K., ich höre, Sie hängen sich voll rein, da bin ich Ihnen sehr dankbar. Kann ich Ihnen noch von meiner Seite irgendwie helfen? (Geht wieder auf ihn ein.)

Mitarbeiter:

Ich würde mich melden, im Moment nicht, und mit Herrn Strauch hatte ich ein gutes sachliches Gespräch, er wird es zu schätzen wissen, wenn wir den Termin einhalten, davon bin ich überzeugt. Sie können, glaube ich, beruhigt sein.

Vorgesetzter:

O. K., dann jedenfalls schon jetzt mal vielen Dank! Rufen Sie einfach an, wenn Sie mich brauchen, und sagen Sie auch Frau Miehling, dass ich mich freue.

In diesem Gespräch sind keine Gereiztheiten zu erkennen, das Konflikt-Niveau steigt nicht, das Gesprächsergebnis ist objektiv besser, weil die Gefühlsebenen unverletzt blieben. Und der eigentliche Grund dafür, dass dieses Gespräch viel besser lief? Der Vorgesetzte ist auf seinen Mitarbeiter „eingegangen“, und die dafür angewendete Technik war das SPIEGELN.

Hier die Sätze, die das SPIEGELN deutlich machen:

1. „Mit den Änderungen hat er also Ihr Timing durcheinander gebracht?"
2. „O.K., ich höre, Sie hängen sich voll rein..."

Beachten Sie bitte auch, dass der Mitarbeiter stets, nach dem SPIEGELN des Vorgesetzten, eingehend antwortet und Neues ergänzt.

SPIEGELN bei Konflikten, bei Konflikt-Gesprächen

Bei Konflikten, die zwischen Menschen, (juristisch ausgedrückt zwischen Parteien) existieren, gilt ganz besonders die genannte Regel:

„Wenn das Konflikt-Niveau steigt, nimmt die Kommunikationsfähigkeit ab."

Das gilt insbesondere, wenn Konflikte direkt zwischen den Beteiligten ausgetragen werden, also ohne die Hinzuziehung eines neutralen Dritten, der nicht Partei ist.

Es soll im Einzelnen nicht auf das Thema Konfliktmoderation eingegangen werden, dazu gibt es viel und interessante Literatur, lediglich das Thema SPIEGELN soll hier wiederum eine Rolle spielen. Bei sehr vielen Moderationen hilft es ganz besonders. Der Moderator beginnt nach einer kurzen Einführung mit der Bitte, dass eine Partei (A) ihre Sicht der Dinge, ihre Einschätzung und ihr Anliegen darlegt. Bereits bei den dann folgenden Ausführungen ist häufig eine starke nonverbale bzw. körperliche Reaktionen bei der anderen Partei (B) zu beobachten, die am liebsten direkt und spontan dazwischen gehen möchte. Hier bittet der Moderator darum, die erste Partei ausreden zu lassen, sich gegebenenfalls Notizen zu machen.

Wenn die Partei (A) fertig ist, wartet der Moderator kurz und fragt dann, ob es so vollständig ausgeführt sei, oder ob man noch etwas eventuell hinzufügen, bzw. ergänzen möchte. Wenn das nicht der Fall ist, möchte natürlich Partei (B) ihre Sicht darlegen, was ja auch verständlich ist. Allerdings bittet jetzt der Moderator die Partei (B), erst einmal mitzuteilen, was sie von (A) verstanden hat. Und hier machen Moderatoren oft die Erfahrung, dass die Partei (B) die Dinge verzerrt, mindestens jedoch stark gefärbt wiedergibt und die Wiedergabe vermischt mit eigenen Bewertungen. Merkwürdig, wenn der Moderator selbst dann wiedergibt, was er verstanden hat, wird ihm meistens voll zugestimmt. Das rührt daher, dass er vorurteilsfrei zuhören und aufnehmen kann und muss. Er ist ja nicht Partei! Sie können sich vorstellen, dass es mitunter ein erheblicher Aufwand ist, von beiden Seiten zu erreichen, dass sie wirklich das Anliegen und die Interessenlage der jeweils anderen Seite versteht, und zwar so versteht, wie sie es tatsächlich gemeint (und gefühlt) hat.
Und was heißt das wieder? Jede Seite muss SPIEGELN, was sie verstanden hat. Der Moderator spiegelt dann stets die Emotionen, die er wahrgenommen hat, teilt also mit, z. B.: „Ich höre heraus, dass Sie dies absolut verletzt hat, und dass Sie das Verhalten auch überrascht hat?“ Und immer, wenn der Moderator gespiegelt hat, wartet er, wie seine Mitteilung über das, was er wahrgenommen hat, dann kommentiert wird.

Bei der Moderation von Konfliktparteien muss jede Seite SPIEGELN, was sie verstanden hat. Bestehen Sie als Moderator darauf! Wenn Sie als Moderator dann auch die Emotionen spiegeln, die Sie wahrgenommen haben, also mitteilen, z. B.: „Ich höre heraus, dass Sie dies absolut verletzt hat, und dass Sie das Verhalten auch überrascht hat?“, und dann warten, wie Ihre Mitteilung über das, was Sie wahrgenommen haben, von dem Beteiligten kommentiert wird, werden Sie jede „Kuh vom Eis“ bringen…

Es ist schon interessant und erstaunlich, wie die Parteien so lernen, einander besser zuzuhören, wirklich hinzuhören, und dann natürlich auch besser und wirkungsvoller aufeinander einzugehen. Jeder kann das lernen, es ist gar nicht so schwer. Wenn Sie es allerdings anzuwenden gelernt haben, werden Sie sehr viel zwischen streitenden Interessen und Menschen vermitteln können.

FRAGEN ist die KUNST, die wir alle wieder neu erlernen und trainieren müssen...

Es gibt wohl kaum ein Kommunikationstraining für Verkäufer, in dem das Thema **„Fragetechnik“** nicht behandelt würde. Sprüche wie „Wer fragt, der führt“ oder „Die Frage ist die Königin der Dialektik“ kennen Sie zur Genüge, und sie stimmen in der Tat. Warum wird dessen ungeachtet so wenig gefragt in Gesprächen, warum werden im Wesentlichen nur Argumente ausgetauscht?
Nun, wenn wir uns an das Thema Zuhören erinnern und an Goethes Weisheit „Zu reden ist uns ein Bedürfnis, zuzuhören ist eine Kunst“, dann lässt sich daraus schließen, dass wir deshalb so wenig fragen, weil wir das Wort nicht gern abgeben, wenn wir es denn schon haben. Fragen bedeutet Rollenwechsel, bedeutet für den Partner: „Antworte, rede, ich höre zu“. Reden, Sprechen bedeutet auch Selbstverwirklichung und ist daher als Grundbedürfnis wichtig für uns alle. Also: *Reden: ja. Gern, aber bitte auch reden lassen!*

Wie erreichen Sie eine gekonnte Fragetechnik?

Machen Sie einmal folgenden Test: Eine Frage, die Ihnen in einem alltäglichen Gespräch von einem Partner gestellt worden ist, beantworten Sie nicht mit der gewohnten Geschwindigkeit, also *nicht spontan*, sie zögern einfach einmal 5-10 Sekunden. Sie werden dann feststellen, dass der Partner die Frage entweder wiederholt, vielleicht sie anders formuliert oder überhaupt, dass er weiter spricht. Es fragt Sie z. B. jemand:

„Was halten Sie eigentlich von...?“

Jetzt Pause, Sie antworten nicht gleich.
Der Partner fährt meistens fort:

„Sind Sie nicht auch der Meinung, dass...?“ oder
„Wissen Sie, ich frage, weil...“

das heißt, er *wartet nicht auf die Antwort,* sondern beginnt ein Statement. Dies ist ein Phänomen, das wir täglich z. B. bei Journalistenfragen beobachten können. Und dann beobachten Sie an sich selbst einmal, wie oft Sie Fragen stellen und – ohne die Antwort des Partners abzuwarten – selbst weiterreden oder weitere Fragen stellen.

Hier kommen wir zum Kernproblem, nämlich, dass es oft schwerer ist, auf die Antwort zu warten, nachdem wir eine Frage gestellt haben, als die Frage selbst zu stellen. Das Fragenstellen ist uns Menschen praktisch „angeboren“, wie Reinhold Bergler in seinem sehr interessanten und lesenswerten Buch „Psychologie in Wirtschaft und Gesellschaft“ bemerkt:

> „Sicher ist dem Menschen so etwas wie Neugierde-Verhalten schon mit in die Wiege gelegt: das permanente Warum-fragen zu einem frühen Zeitpunkt menschlicher Entwicklung ist die unabdingbare Voraussetzung, dass für ein Kind eine Umwelt, in der es zu Hause sein kann, entsteht. Ohne Fragen und ohne verständliche Antworten ist der Mensch hilflos.“

Kinder sind die besten Frager.

Diese Tatsache nimmt dann allerdings eine tragikomische Entwicklung: Wir Erwachsenen freuen uns anfangs über diese fragende Neugierde, später geht sie uns „auf den Geist“ („Und dann, Papa?“, „Warum?“), und wir trainieren unseren Kindern das Fragen wieder ab. Formulierungen wie

Frag nicht so viel! Frag mir keine Löcher in den Bauch!
Frag nicht so dumm! Lass mich in Ruhe, frag die Mama!
Du mit deiner vielen Fragerei!

sind dafür kennzeichnend. Natürlich haben wir uns das zu Herzen genommen und mit dem vielen Fragen aufgehört. Gehen wir dann zur Schule, und wir haben irgendetwas nicht verstanden, dann fragen wir beim Lehrer nicht nach. Ein Vater hat seinem Kind ein erhöhtes Taschengeld versprochen, damit es in der Schule wenigstens pro Tag dem Lehrer eine Frage stellte! Übrigens eine kleine Zahl aus der Statistik: ein „normaler“ Verkäufer stellt in einem „normalen“ Verkaufsgespräch ca. 3 – 5 Fragen. Ein vierjähriges Kind stellt pro Tag im Durchschnitt über 437 Fragen! (Focus). Sie haben richtig gelesen. Mütter wissen davon ein Lied zu singen.

Eine kleine Zahl aus der Statistik: ein „normaler“ Verkäufer stellt in einem „normalen“ Verkaufsgespräch ca. 3 – 5 Fragen. Ein vierjähriges Kind stellt pro Tag im Durchschnitt über 430 Fragen! Sie haben richtig gelesen. Mütter wissen davon ein Lied zu singen.

In Rhetorik-Seminaren und Verkaufstrainings wird viel Geld investiert, damit wir wieder mehr und richtiger fragen...

Beispiel:

Der Gesprächspartner fragt den Kunden:

„Was tun Sie, um sich fachlich fit zu halten?"

Und jetzt wartet er nicht ab, bis die Antwort kommt, sondern er fragt sogleich weiter:

„Lesen Sie Fachzeitschriften oder Fachliteratur?"
„Besuchen Sie Kongresse?"
„Suchen Sie im Internet?"

Hier ist deutlich zu sehen, dass der Frager die Antwort auf die gute **öffnende** Frage, die er zuerst gestellt hat, nicht abwartet, sondern gleich noch eine Alternativ-Frage und weitere hinterherschickt, die den Partner wieder unnötig beeinflussen. (Es kann Ungeduld oder sogar auch Hilfsbereitschaft dahinter stecken.)

Trainieren wir also immer wieder, dass wir uns vorher genau überlegen, welche Frage wir in der jeweiligen Situation stellen, und warten wir nach einer gestellten Frage tatsächlich ab, bis die Antwort kommt. Allein dies zu trainieren und zu beherrschen, erfordert sehr viel Geduld und sehr viel Übung, und wenn Sie es geschafft haben, werden Sie einen hohen Begriff erhalten von natürlicher Autorität und natürlicher Kompetenz, die Sie in jedem Gespräch ausstrahlen können. **Wer fragt, führt!**

Und deshalb ist auch die Überlegung für Verkäufer wichtig: Führe ich Verkaufsgespräche oder führe ich lieber Verkaufs-Interviews? (Siehe Anhang)

Im Wort Verkaufsgespräch ist „Gespräch" enthalten, das kommt von Sprechen. Verkäufer reden immer noch oft mehr als 60 Prozent in einem Verkaufsgespräch. Dies können Sie korrigieren:

Durch Verkaufs-Interviews. Das Wort erinnert Sie daran, mehr zu fragen. Dann antwortet der Kunde und Sie erfahren mehr.

Auf den folgenden Seiten finden Sie nützliche Anhänge.

Anforderungsprofil Verkäuferpersönlichkeiten

...oder was qualifizierte und erfolgreiche Verkäufer(innen) auszeichnet:

- Unternehmerisch denkende und handelnde Mitarbeiter
- Kontaktstärke
- Gepflegtes Erscheinungsbild
- „Persönlichkeit“
- Rhetorische Grundbegabung

- Gute Allgemeinbildung, Charakter, Menschenkenntnis
- Verkäuferisches Talent und Verhandlungsgeschick
- Fleiß, Ausdauer, Durchsetzungsfähigkeit, Disziplin
- Ehrgeiz, positives Vorstellungsvermögen
- Fähigkeit zur Selbstmotivation + Selbstvertrauen

- Kreativität, Ideenreichtum
- Optimismus, aber auch Realismus
- Hohes Verantwortungsbewusstsein
- Freude, sich Fach- und Branchenwissen anzueignen
- Loyalität

- PC- bzw. Laptop-Kenntnisse (heute unerlässlich)
- Absolute Seriosität
- Wille zum persönlichen Erfolg
- Belastbarkeit
- Durststrecken/Niederlagen positiv verarbeiten können

- **Geordnete private und persönliche Verhältnisse**

Anhänge

„Verkaufs-Interview“

Welche Fragen könnte ich meinen Kunden stellen, damit ich den Gesprächen mehr „Interview-Charakter“ gebe?

(Bitte nur Fragen, die für Sie sinnvoll sind).

1. Darf ich nach Ihrer beruflichen Tätigkeit fragen?
2. Was muss das Gerät auf jeden Fall können?
3. Wie haben Sie es bisher gelöst?
4. Wer wird das Gerät hauptsächlich bedienen?
5. Kennen Sie schon das neue Produkt X?
6. ______________________________
7. ______________________________
8. ______________________________
9. ______________________________
10. ______________________________
11. ______________________________
12. ______________________________
13. ______________________________
14. ______________________________

<u>Die Chance, den persönlichen Umsatz noch einmal zu steigern...</u>

„COLUMBO Effekt“

Sie haben schon fast „Auf Wiedersehen“ gesagt. Und dann, Sie erinnern sich an Peter Falk, Inspector Columbo, haben Sie noch eine Frage:

- Bevor ich gehe, noch eine Frage...:
- Noch etwas, ich hätte es fast vergessen:

Sammeln Sie Beispiele, worauf Sie den Kunden noch ansprechen könnten...bzw. hätten ansprechen sollen/müssen.

Verkaufs-Interview (Idee für ein Formular)
Verkaufs-, Beratungs-, Akquisitions-Interview, etc.

Zur Vorbereitung des nächsten konkreten „Interviews“, das Sie mit einem Kunden zu führen beabsichtigen.

Name des
Kunden/Gesprächspartners:______________________________

1. Wie ist Ihr Verhältnis/die Beziehung zu dem Kunden?
( ) eng, freundschaftlich, vertrauensvoll
( ) sachlich, persönlich, etwas distanzierter
( ) nur sachlich, unpersönlich, eher distanziert
( ) wir kennen uns kaum bzw. noch nicht persönlich

2. Wie intensiv arbeiten Sie mit diesem Kunden zusammen?
( ) intensiv, monatlich mehrere Kontakte (auch telefonisch, e-mail etc.)
( ) weniger intensiv, wenige Kontakte

3. a) Wie waren (ggfs.) bisherige Gesprächsergebnisse?

b) Waren Sie selbst nach den Gesprächen
( ) ermutigt/motiviert? ( ) frustriert/demotiviert?

4. Welches ist Ihr Ziel?/Welches Ihr Wunschergebnis?

5. Welche Informationen will ich nach dem „Interview“ haben?
Was muss ich unbedingt erfahren? Notieren Sie sich 5 - 10 Fragen, wie Sie sie wörtlich stellen möchten.

6. Wie werden Sie weiter vorgehen?

7. Dokumentieren Sie anschließend das Gesprächsergebnis.

Mitarbeiter-Vieraugengespräch mit:________________________

Kritik-, Beurteilungs-, Anerkennungsgespräch, Abmahn-, Trennungs-Gespräch etc.

Vorbereitung des geplanten Gespräches mit einem Ihrer Mitarbeiter (Mitarbeiterin)

1. **Wie ist Ihr Verhältnis zum Mitarbeiter/zur Mitarbeiterin?**
   ( ) eng, freundschaftlich, vertrauensvoll
   ( ) sachlich, vertrauensvoll
   ( ) sachlich, persönlich etwas distanzierter
   ( ) nur sachlich, unpersönlich, distanziert
   ( ) ____________________________

2. **Wie intensiv arbeiten Sie mit ihm/ihr zusammen?**
   ( ) intensiv, täglich mehrere Kontakte
   ( ) weniger intensiv, täglich 1 - 2 Kontakte
   ( ) kaum, wöchentlich wenige Kontakte
   ( ) ____________________________

3. **Wie häufig hatten Sie bereits mit ihm/ihr kritische Gespräche?**
   ( ) Noch nie ( ) Mehrmals ( ) Häufig bis ständig

4. a) **Wie sind sie verlaufen?**

   ____

   b) **Wie waren die Ergebnisse?**

   ____

   c) **Waren Sie selbst danach**
   ( ) ermutigt/motiviert? ( ) frustriert/demotiviert?

5. **„gefühlte" Eskalationsstufe**
   1 2 3 4 5 6 7 8 9 10

6. **Welche Botschaft muss er/sie unbedingt verstehen (Gesprächsziel)?**

7. **An welche Konsequenzen denken Sie konkret, wenn er/sie die Botschaft nicht versteht und nicht innerhalb von........umsetzt?**

8. **Notieren Sie sich, wie Sie starten möchten. Und denken Sie an einen guten Schluss. Fragen Sie auch: *„Mit welcher Kernbotschaft gehen Sie aus diesem Gespräch?"* (Ergebnisse ggfs. dokumentieren).**

Eine Anregung für Sie? Kärtchen drucken lassen...
Beispiele:

1. Karte:

Vorderseite

VIELEN DANK FÜR EIN INTERESSANTES GESPRÄCH!

SIEGFRIED W. KARTMANN
www.zuhoertechnik.de
mail: kartmann@iworld.de

Rückseite:

Wenn es einen Glauben gibt,
der Berge versetzen kann,
ist es der Glaube
an die eigene Kraft!

Marie von Ebner-Eschenbach

2. Karte:

Vorderseite

Herzlichen Dank!

Sie haben mich aufmerksam
und freundlich bedient!

Siegfried W. Kartmann
www.zuhoertechnik.de
kartmann@iworld.de

Rückseite:

Es gehört eine besondere Einstellung dazu, Kunden oder Gäste stets anzulächeln und freundlich-aufmerksam zu bedienen.

Eine Selbstverständlichkeit? Ist es nicht.
Freundlichkeit, Aufmerksamkeit und Wertschätzung sind stets das Besondere, das gewisse „Etwas"!

Daher dieses Dankeschön für Sie.

Mehr Umsatz?
Nur mit Ihnen
persönlich,
mit
Ihrer Begeisterung,
mit
Ihrem Engagement!

Sie sind dabei!

VERKAUFEN:
Das ist mehr, als dem Kunden
nur beim
Einkaufen behilflich sein!

Entwurf Stellenanzeige:

Wir sind ein in der Region führendes Einzelhandelsunternehmen der Textilbranche und suchen zur Ergänzung oder besser zur Bereicherung unseres erfolgreichen Teams eine(n) erfolgsorientierte(n)

Verkaufsmitarbeiterin/Verkaufsmitarbeiter.

Und hier gleich eine Vorbemerkung:

Wenn Sie unseren Kundinnen und Kunden nur beim Einkaufen behilflich sein möchten, dann bewerben Sie bitte **nicht.** Wenn Sie allerdings darüber hinaus VERKAUFEN möchten, dann hat Ihre Bewerbung echte Chancen!

Dann wissen Sie, dass Umsatz nicht einfach „passiert", sondern „gemacht" werden muss. Bei uns sollen Kunden neben dem, was sie suchen, vor allen Dingen finden, was sie nicht gerade suchen, und das kann nur eine aktive Verkäuferin, eine pro-aktive Verkäuferin, bzw. ein pro-aktiver Verkäufer bewerkstelligen. Und dies ist ohne Aufdringlichkeit möglich.

Darüber möchten wir mit Ihnen sprechen. Und wir nehmen uns Zeit für das Gespräch, wir rechnen nämlich nur mit einer überschaubaren Zahl von Bewerbungen.

Ihre Bewerbung richten Sie bitte an:

www.kartmann-seminare.de